Marcela Fabiana Albornoz

Aportes de la Lexicometría en Indagaciones sobre la Enseñanza

Marcela Fabiana Albornoz

Aportes de la Lexicometría en Indagaciones sobre la Enseñanza

De la Matemática

PUBLICIA

Imprint
Any brand names and product names mentioned in this book are subject to trademark, brand or patent protection and are trademarks or registered trademarks of their respective holders. The use of brand names, product names, common names, trade names, product descriptions etc. even without a particular marking in this work is in no way to be construed to mean that such names may be regarded as unrestricted in respect of trademark and brand protection legislation and could thus be used by anyone.

Cover image: www.ingimage.com

Publisher:
PUBLICIA
is a trademark of
International Book Market Service Ltd., member of OmniScriptum Publishing Group
17 Meldrum Street, Beau Bassin 71504, Mauritius

Printed at: see last page
ISBN: 978-620-2-43054-8

Aportes de la Lexicometría en Indagaciones sobre la Enseñanza de la Matemática

Mg. Marcela F. Albornoz
Autor

Octubre 2011

AGRADECIMENTOS

Mi agradecimiento a la Dra Nora Baccalá, por su apoyo constante.

A mis padres Nelly y Humberto porque me enseñaron el camino a seguir.

A mis hijos, Carolina y Diego, porque entendieron mis ausencias y en especial a Martín Paris, mi esposo, por estar conmigo en todo momento y por acompañarme en esta aventura.

A todos ....Muchas Gracias!!!!

INDICE

INTRODUCCIÓN

CAPÍTULO I:

INFORMACIÓN DE BASE PARA EL TRATAMIENTO DE DATOS TEXTUALES: EL CORPUS

CAPÍTULO II:

TÉCNICAS ESTADÍSTICAS MULTIVARIADAS PARA EL TRATAMIENTO DE TABLAS LÉXICAS

INTRODUCCIÓN

Motivación

La enseñanza de la Matemática ha sido una preocupación constante desde mi formación de grado. He participado en diferentes investigaciones que abordan esta problemática y actualmente integro el proyecto de investigación "*Diferentes tipos de interacciones en la enseñanza de la matemática- Parte II*"[1].

En este marco nos interesa indagar acerca de la relación que pueden tener los individuos con la matemática, más específicamente, conocer las ideas que los sujetos tienen con determinados conceptos matemáticos.

Por otro lado, el empleo de la estadística textual, en el análisis de respuestas a preguntas abiertas, puede aportar información acerca de lo que los sujetos investigados piensan; ya que las ideas se manifiestan en el manejo del vocabulario, concretamente en el uso predominante de ciertas palabras y en las frecuencias de su empleo (Baccalá y De la Cruz, 1995, 2000). Las técnicas del Análisis Multivariado que se aplican a estas frecuencias, permiten diferenciar y agrupar a los sujetos, estableciéndose categorías que prescinden, al "menos por un tiempo" de la subjetividad del investigador.

En este contexto es que realicé la tesis de maestría en el estudio de datos textuales o lexicometría.

Contenidos

Este trabajo se enmarca en dos grandes áreas: Estadística y Educación matemática.

[1] dirigido por el Dr. Humberto Alagia y aprobado por la Secretaría de Investigación de la Universidad Nacional del Comahue en 2003.

Dentro de la primera consideramos algunas de las técnicas de la Estadística Descriptiva Multivariada, más específicamente las desarrolladas para el tratamiento de variables cualitativas o categóricas que constituyen una herramienta básica del Análisis de datos textuales o lexicometría.
Con respecto a Educación Matemática compartimos teorías de investigaciones de Didáctica de la matemática francesa en particular la "teoría de las situaciones didácticas" de Brousseau (1986, 1993a , 1993b, 1995, 1998, 1999), la "teoría de la transposición didáctica" y el "enfoque antropológico" de Chevallard (1985, 1989, 1991,1994); como así también algunos trabajos de Educación Matemática de la línea anglosajona entre los que se puede mencionar los de Shoenfeld (1985, 1992, 1994).

El trabajo comienza con una descripción de los contenidos necesarios para el análisis de los datos textuales. Introduciendo las distintas tablas que se requieren para realizar el estudio lexicométrico.
Posteriormente, se realiza un desarrollo teórico de las técnicas del análisis estadístico multivariado o análisis de datos, pues las mismas sirven para el tratamiento de las distintas tablas mencionadas anteriormente. Estas técnicas son el Análisis Factorial de Correspondencias Simples (AFC) y el Análisis de Clasificación Automática (AC), el primero es una técnica factorial y el segundo es una técnica de clasificación.
Luego se aplica el método Lexicométrico a una encuesta realizada a profesores de matemática del nivel medio y a estudiantes de un Profesorado en Matemática.
En el último capítulo, se realiza una presentación teórica del Análisis Factorial Múltiple Intra-Tabla (AFMIT) que permite integrar las tablas lexicométricas y se muestran las propiedades del mismo mediante su aplicación a los datos de la encuesta mencionada anteriormente.

CAPÍTULO I

Análisis Estadístico de Datos Textuales

1.1- Introducción

La idea de cuantificar textos para su análisis no es nueva; a lo largo de los años se han elaborado múltiples métodos para describirlos, sintetizarlos, analizarlos y clasificarlos: dentro de los primeros desarrollos podemos citar la ordenación alfabética, las ediciones de concordancias, índices y glosarios.

Otros métodos más recientes han aparecido gracias al desarrollo de técnicas estadísticas para el tratamiento de variables cualitativas o categóricas (Benzecri 81; Lebart 84; Lebart, Salem 89) cuya aplicación ha sido beneficiada con el avance de los procesos informáticos.

Lebart y Salem (1994) dan el nombre de **Análisis Estadístico de Datos Textuales o Lexicometría** al estudio de textos mediante la aplicación de métodos estadísticos.

En la actualidad, diversas disciplinas tienen que ver con el estudio de la información textual: la Lingüística, el Análisis de Contenido, la Investigación Documental, y la Inteligencia Artificial

La Lingüística se centra en la descripción de las unidades lingüísticas, las cuales se encuentran inmersas en sistemas que le asignan valores a cada una. En particular la Lingüística Estructural estudia los textos (o el lenguaje) desde el punto de vista de la formalización de sistemas de reglas de construcción de combinaciones y sustituciones posibles de elementos previamente definidos. En la Lingüística se distinguen varias áreas según la naturaleza de lo que se esté observando:

la Fonética: que estudia los sonidos de lenguaje;

la Lexicología: estudia las palabras debido su origen;

la Morfología: trata las palabras tomándolas independientemente del contexto dentro de la frase;

la Sintaxis: estudia las relaciones entre las palabras dentro de la frase;

la Semántica: estudia la significación, el mensaje contenido en la frase;

la Pragmática: estudia la relación entre el enunciado y la situación de la comunicación.

El **Análisis de Contenido** se propone acceder directamente a las significaciones de diferentes segmentos que componen el texto. Es una técnica de investigación para la descripción objetiva, sistemática y cuantitativa del contenido manifiesto en la comunicación. Opera en dos fases: se empieza por construir un conjunto de clases de equivalencia, de temas y se examinan luego las ocurrencias de los textos que serán sucesivamente analizados. En una segunda fase se hacen los conteos para cada uno de los temas previstos. Las unidades, en un análisis de contenido, pueden ser los temas, las palabras o elementos de sintaxis o semántica. Las unidades de descomposición para las medidas cuantitativas variarán también: palabra, área cubierta por el artículo, etc. Un ejemplo de este tipo de análisis utilizado en investigación documental es el de las palabras asociadas, en el cual se buscan los contenidos a partir de las palabras que se repiten en los distintos documentos en forma simultánea.

Para los informáticos que trabajan en **Inteligencia Artificial** es importante obtener una representación del sentido de las frases que se pueda manejar en un sistema informático, independiente de todo lenguaje natural.

En la **Investigación Documental**, se utilizan métodos estadísticos para la constitución y la organización de la base de documentos y en las fases de búsqueda de documentos a partir de descriptores en lenguaje natural o a partir de palabras claves. (Pardo y Montenegro, 1996)

El análisis de textos interesa a investigadores de diversos campos. Estos textos pueden haber sido recogidos mediante encuestas o entrevistas, discursos políticos, estudios literarios, archivos históricos, análisis psicológicos, análisis semánticos, identificación de esquemas entre distintas lenguas, entre otros.

El **Análisis Estadístico de Datos Textuales o Lexicometría** (Lebart y Salem, 1988,1994) es un área de la Estadística que se desarrolla ante la necesidad de poseer una herramienta para analizar las preguntas abiertas realizadas en encuestas. La Lexicometría trata de alejar la mirada subjetiva del investigador (Becue, *et al.*, 1995) y analizar los datos textuales después de diversas codificaciones a fin de obtener información sobre frecuencia de palabras, contexto en el que se hallan, frecuencia de dichos contextos, riqueza del vocabulario, etc. Estas frecuencias son posteriormente analizadas utilizando técnicas estadísticas multivariadas.

El desarrollo de estas técnicas ha hecho que el análisis estadístico de textos se constituyera en una herramienta interdisciplinaria, integrada por la Estadística, el Análisis del Discurso, la Lingüística, la Informática, el procesamiento de encuestas, la Investigación Documental y es cada vez más utilizada en diversos campos de las Ciencias Sociales: Historia, Política, Economía, Sociología, Psicología, etc.

Una vez individualizado el texto que se desea estudiar, es necesario identificar unidades en la cadena textual que permitan realizar recuentos utilizables en los análisis estadísticos posteriores.

En este capítulo, se desarrollará cuál es la partición necesaria para la manipulación de los datos, qué características propias de los datos se tienen que tener en cuenta y las etapas necesarias para el posterior análisis de los mismos.

1.2- El *corpus*

Primero se define el concepto de *corpus* pues es el punto de partida para el análisis de datos textuales.

Se llama ***corpus*** a cualquier colección de uno o más textos que se desean analizar, en este sentido el *corpus* está definido como "cuerpo textual". Es decir, es el conjunto de textos que serán objeto de estudio. Estos pueden ser: narraciones, artículos periodísticos, informes, desgrabaciones de entrevistas, respuestas de encuestas a preguntas abiertas, estudios sociodemográficos, socioeconómicos y actitudinales que tipifican o segmentan las entrevistas o grupos, estudios comparativos entre diferentes autores, etc.
Para poder analizar el *corpus*, este tiene que ser grabado sobre un soporte magnético que, a su vez, dispone de un teclado de caracteres. Se definen, por defecto, todos los caracteres del teclado como caracteres del ***alfabeto*** del lenguaje en el cual está escrito el *corpus*.

Todos los ordenadores utilizados para grabar y almacenar textos disponen de ciertos caracteres como, por ejemplo, las letras del alfabeto, mayúsculas y minúsculas, eventualmente con acentos o tildes propios de la lengua de los textos analizados, cifras, signos de puntuación y también códigos específicos, como el código del porcentaje o el del peso, entre otros. Por lo tanto, todos estos caracteres constituyen el *alfabeto.*

Una vez definido el *corpus*, este debe ser particionado para poder realizar su estudio. Esta operación consiste en desglosar el texto en unidades mínimas, es decir, en unidades que no pueden ser subdivididas nuevamente.

Primero es necesario determinar cuál será la unidad mínima a considerar para el análisis, o sea, la descomposición más fina del *corpus*. Se definen como unidades estadísticas o léxicas a las *formas gráficas o palabras* y los *segmentos*.

La palabra es una secuencia de letras delimitada, a la izquierda y a la derecha, por un blanco o un signo de puntuación. La palabra así definida se denomina ***forma gráfica***.

Una secuencia o una sucesión de formas gráficas se denomina ***segmento***.

También se suele elegir, como unidad léxica, segmentos que son unidades léxicas complejas, esto es, compuestas de dos o más formas gráficas porque carecen de sentido por sí solas dentro del estudio que se desea realizar, por ejemplo: máquina de coser, pasta de dientes o golpe de Estado,

Las formas gráficas pueden ser reagrupadas como, por ejemplo, las formas *como*, *comes*, *come*, *comemos*, etc., del verbo *comer*. Pero hay que tener cuidado a la hora de hacerlo pues a una misma palabra le pueden corresponder varios significados (por ejemplo *como*, por un lado, expresa la forma del verbo comer y, por otro lado, como conjunción); por lo tanto, es necesario interpretar en qué contexto se encuentra cada forma gráfica.

Las formas gráficas y los segmentos son delimitados por signos de puntuación: puntos, comas, punto y coma, etc., o por espacios blancos. Diferenciamos dos tipos de ***delimitadores*** que se denominan "fuertes" y "débiles". La asignación de fuertes o débiles la da el investigador, por ejemplo una coma puede ser un delimitador fuerte o débil según se trate de una desgrabación o del análisis de un discurso escrito. En el primer caso, la coma la coloca el entrevistador, mientras que, en el segundo, es el propio autor quien la ha colocado.

Considerando los segmentos y delimitadores, se definen ***segmentos repetidos*** y ***cuasisegmentos repetidos***.

Por un lado, toda sucesión idénticamente repetida de palabras no separadas por un signo de puntuación llamado "delimitador fuerte" constituye un ***segmento repetido*** en el *corpus* y otra forma más actualizada de los segmentos repetidos son los cuasisegmentos repetidos, que están compuestos de varias formas próximas, pero no obligatoriamente contiguas.

Pero esta segmentación del *corpus* en ***segmentos repetidos*** o ***cuasisegmentos repetidos*** producen unidades léxicas que se solapan como, por ejemplo, los segmentos *máquina, máquina de, máquina de coser*. Estas se tendrán que tener en cuenta a la hora de realizar el análisis porque se deberá decidir cuáles de los segmentos repetidos son significativos para el estudio.

Una vez identificado el *corpus* y teniendo en cuenta cuáles son las unidades léxicas y los delimitadores, procedemos a definir las características del mismo.

1.3- Caracterización del *corpus*

El *corpus* presenta diferentes características que es necesario identificar, ya que informan sobre la estructura del texto, por lo que tienen relevancia al momento de realizar el análisis.

Se define ***vocabulario*** del *corpus* como el conjunto de las formas gráficas distintas que lo conforman. La ***riqueza*** es el cociente entre el número de palabras distintas y la cantidad total de palabras que dicho texto posee.

Se define ***ocurrencia*** como toda sucesión o cadena de caracteres acotada por dos delimitadores, es decir, es la cantidad de formas gráficas que posee el *corpus* sin importar su repetición pues dos cadenas idénticas son dos ocurrencias de una misma forma gráfica. Dicho de otra forma, si consideramos al *corpus* como un conjunto de formas gráficas, la ocurrencia sería la cardinalidad de dicho conjunto.

Desde este punto de vista, se puede considerar al texto como una sucesión de ocurrencias separadas por uno o varios caracteres delimitadores.

El número de ocurrencias de un *corpus* es la ***longitud del corpus***, es decir, la longitud del mismo está dada por el número total de formas gráficas.

En general, cuando más crece la longitud de un *corpus*, más aumenta el vocabulario del mismo.

El número de ocurrencias de cada forma gráfica lo denominamos ***frecuencia.***

Una forma gráfica se caracteriza por el número de sus ocurrencias o frecuencia y por las posiciones de la forma en el *corpus* cuyo conjunto constituye la localización de la forma.

Una forma gráfica empleada solamente una vez se llama ***Hapax***.

El vocabulario de un *corpus* no es proporcional a su longitud.

Hasta acá se presentaron las primeras características del *corpus*, que son propias del mismo y si bien el investigador tuvo que definir la unidad, los delimitadores fuertes y débiles, etc. el *corpus* carece de modificaciones por parte del mismo.

De aquí en más, el investigador interviene seleccionando el tipo de análisis que desea realizar, interactuando, pero sin efectuar una modificación de los textos. Este proceso es de importancia decisiva y por supuesto que un conocimiento previo del problema por parte del investigador facilitará las decisiones que tendrá que tomar para realizar el estudio.

1.4- Análisis del *corpus*

Para realizar este tipo de estudios, se consideran las formas que aparecen con cierta frecuencia y se pueden eliminar las menos frecuentes, escogiendo un ***umbral de frecuencias*** por encima del cual se conservan las formas. Dicha elección tiene que ver con las palabras que carecen de sentido en el análisis o también con las formas que aparecen pocas veces en el texto y no son relevantes.

Se puede listar las formas gráficas en *orden lexicográfico* o en *orden de frecuencia*, obteniendo así dos ***glosarios*** de las formas del *corpus*.

Si, además, a cada forma se asocian las coordenadas de sus ocurrencias en el *corpus*, se obtiene el ***índice del corpus***.

Un ***índice*** es una reorganización de las palabras y ocurrencias de un texto y se lo utiliza para localizar rápidamente las ocurrencias de cada una de las palabras en el *corpus*.

Este índice puede ser ordenado de diferentes maneras. En orden lexicográfico, llamado ***índice lexicográfico***, que es el *orden alfabético* habitualmente utilizado en el diccionario, y en *orden de frecuencia*, que es llamado ***índice jerárquico***, donde las palabras están ordenadas por frecuencia decreciente. Para ordenar las palabras con una misma frecuencia, se suele emplear el orden lexicográfico.

Es posible reorganizar las palabras y las ocurrencias del texto de tal manera que las ocurrencias de una misma palabra se reagrupen acompañadas de un fragmento de su contexto más inmediato, cuya longitud varía según las necesidades del análisis.

El índice permite localizar cada una de las ocurrencias en el *corpus*. A veces es necesario listar todos los contextos de una misma forma gráfica pues nos permite obtener información sobre cuál es su aplicación. El conjunto de los contextos de una cierta forma se denomina ***concordancia*** de la forma. Es decir, la concordancia permite visualizar en qué contexto se encuentra cada forma gráfica, de esta forma se puede individualizar y comparar dicho argumento.

A la palabra cuyos contextos se reagrupan se la denomina *palabra-pivote.* Las concordancias constituyen un instrumento muy práctico para el estudio del texto pues ofrecen una perspectiva global de las distintas maneras de emplear una palabra, lo que sería difícil de obtener mediante una lectura secuencial. Permite también estudiar fácilmente las relaciones que pueden existir entre los diferentes contextos de una misma palabra.

1.4.1- Tablas de análisis

Una vez segmentado el *corpus* en formas gráficas, podemos traducir cada forma por un número y ver el *corpus* como una sucesión de enteros. De esta forma, se obtienen dos tablas de contingencia que son la ***tabla léxica*** y la ***tabla léxica agregada***, que servirán posteriormente para nuestro análisis.

El *corpus* codificado se presenta como una tabla ***Z***, que tiene tantas filas como respuestas y tantas columnas como formas.

Donde ***Z*** es la tabla de contingencia *Respuestas* Formas* o ***tabla léxica*** y cada z_{ij}, contiene la frecuencia con la cual la forma j ha sido utilizada en la respuesta i.

Si las respuestas son numerosas y cortas, esta tabla será dispersa y se podrá almacenar en una forma condensada.

Para comparar las partes del *corpus* se contrastan los perfiles léxicos de las partes o textos, que se pueden representar en la ***tabla léxica agregada*** que contiene las frecuencias de las formas en cada parte: la tabla de contingencia *Formas*Textos* (***T***), contiene en la casilla (*ij*) la frecuencia con la que la forma *i* se encuentra en el texto *j*.

Denotamos mediante:

f_{ij} la subfrecuencia de la forma *i* en la parte *j* del *corpus*.

$f_{i.}$ la frecuencia de la forma *i* en todo el *corpus*.

$f_{.j}$ el tamaño de la parte *j*.

$f_{..}$ la longitud total del *corpus*.

Podemos representar la tabla de contingencia *Formas*Textos* por la siguiente figura:

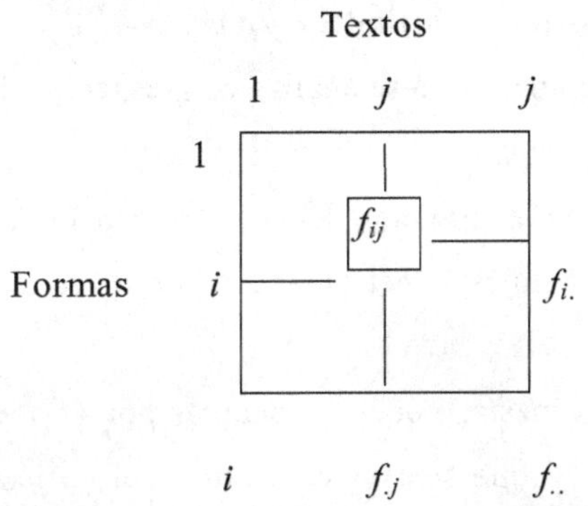

Figura 1.1 Tabla de contingencia Formas*Textos

Cuando esta partición en textos se hace tomando como criterio la respuesta de los individuos a una pregunta cerrada, se considera una tabla ***X*** con tantas filas como individuos y tantas columnas como modalidades, cuyos elementos x_{ij} contienen un "1" si el individuo *i* ha escogido la modalidad *j*, y "0" en otro caso.

En este caso, la tabla ***T*** se obtiene como el producto matricial:

$$\boldsymbol{T} = \boldsymbol{Z}'\boldsymbol{X}$$

La fila i de la tabla $\boldsymbol{T}$ contiene las subfrecuencias de la forma i en los j textos.

1.4.2. - Formas características

La lectura del glosario permite una nueva visión del *corpus*. Una frecuencia elevada o, por el contrario, baja, de una forma no percibida en la lectura del *corpus* pueden llamar la atención.

Esta información puede completarse mediante unos cálculos probabilísticos que permitan tomar decisiones estadísticas sobre las diferentes frecuencias de una misma forma en los distintos textos.

El modelo estadístico aquí utilizado consiste en considerar cada parte como una muestra y situarla en el conjunto de todas las muestras de misma longitud que se pueden construir a partir del *corpus*.

La variabilidad de la frecuencia de una forma se analiza con respecto a la totalidad de sus ocurrencias en el *corpus*.

Para probabilizar el modelo se toma la siguiente decisión: se consideran equiprobables todas las muestras posibles, construidas a partir del *corpus* entero.

Con la notación anteriormente expuesta, podemos denotar por ($f_{..}$) el número de muestras de longitud $f_{.j}$ que se pueden extraer del *corpus*. Para la forma i, de frecuencia total en el *corpus* $f_{i.}$, la probabilidad de que esta forma aparezca k veces en esta muestra de longitud $f_{.j}$ viene dada por:

$$\Pr ob(X=k)=\frac{\begin{bmatrix} f_{i.} \\ k \end{bmatrix}\begin{bmatrix} f_{..}-f_{i.} \\ f_{.j}-k \end{bmatrix}}{\begin{bmatrix} f_{..} \\ f_{.j} \end{bmatrix}}$$

Por lo tanto, la variable aleatoria que cuenta la frecuencia de aparición de una forma gráfica en una muestra del *corpus* sigue una ley hipergeométrica.

Una forma puede ser característica de un texto por tener en este texto una frecuencia especialmente alta, o especialmente baja. Para detectar las formas características hipo-representadas o hiper-representadas en alguna parte del *corpus* (es decir, las especificidades tanto negativas como positivas de los textos) se calculará para cada par "forma, texto" una de las dos probabilidades siguientes:

$P_{sup}(f_{ij})$ probabilidad de que, por lo menos, aparezcan f_{ij} ocurrencias de la forma *i* en la parte j, bajo la hipótesis de una extracción al azar sin reposición de $f_{.j}$ ocurrencias entre las $f_{..}$ ocurrencias del *corpus*.

$$i=1,..,p; j=1,.... m$$

$P_{inf}(f_{ij})$ probabilidad de que, como mucho, aparezcan f_{ij} ocurrencias de la forma *i* en la parte *j*, bajo la hipótesis de una extracción al azar sin reposición de $f_{.j}$ ocurrencias entre las $f_{..}$ ocurrencias del *corpus*.

$$i=1, ...,p; j=1,...,m$$

$P_{sup}(f_{ij})$ se calculará si la forma aparece en el texto con una frecuencia relativa superior a la frecuencia relativa en el *corpus*. Análogamente, $P_{inf}(f_{ij})$ se calculará si la forma aparece en el texto con una frecuencia relativa inferior a la frecuencia relativa en el *corpus*.

Si $P_{sup}(f_{ij})$ (respectivamente $P_{inf}(f_{ij})$) es inferior a un cierto umbral escogido de antemano, la forma *i* se declarará como especificidad positiva (respectivamente negativa) de la parte *j*. Si ninguna de las dos probabilidades es inferior al umbral, se dirá que la forma *i* es insignificante para la parte *j*. Para facilitar la lectura de esas probabilidades, se puede calcular:

$$\Theta^{-1}\left[1 - P_{\sup}(f_{ij})\right] \quad y \quad \Theta^{-1}\left[P_{\inf}(f_{ij})\right]$$

Es decir, asociar a $P_{sup}(f_{ij})$ el valor de una variable centrada y reducida, que tiene la probabilidad $P_{sup}(f_{ij})$ de ser superada.

Llamamos valores-test a esos valores. En general se consideran significativos si son mayores a 1.96 (análogamente para $P_{inf}(f_{ij})$).

Si una forma es banal para cada una de las partes del *corpus*, diremos que esta forma pertenece al vocabulario de base del *corpus*.

1.4.3- Respuestas características

Considerando ahora el contexto y el orden de la forma gráfica en las respuestas individuales, pues son elementos fundamentales del discurso, se seleccionan las respuestas (o frases) características de cada texto.

No son respuestas artificiales construidas a partir de las formas características, sino respuestas reales, escogidas según un cierto criterio, como representantes del texto.

Los criterios de selección de las respuestas características son el criterio de Chi-2 y el criterio del valor medio. A continuación, se presentan ambos criterios.

1.4.3.1- Criterio del Chi-2

Cada respuesta se puede considerar como un vector-fila, cuyas componentes son las frecuencias de cada una de las formas en esta respuesta. Este vector es el perfil léxico de la respuesta.

Un texto es un conjunto de vectores-filas. El perfil léxico medio del texto se obtiene haciendo la media de los perfiles de las respuestas del texto.

Cuando la partición se hace según las modalidades de una variable numérica, codificando las respuestas en una tabla *X*, la tabla léxica agregada *T* se obtiene por:

$$T=Z'X$$

Las respuestas (filas de *Z*) y los textos (líneas de *T'*) son vectores en el espacio referenciado por las formas.

En consonancia con los cálculos del análisis de correspondencias, la distancia escogida entre respuestas y textos es la del Chi-2, considerando como respuesta más característica de un texto la respuesta más próxima al perfil medio del texto, es decir, las respuestas correspondientes a las distancias más pequeñas.

Esta distancia está dada por la fórmula:

$$d^2(i,t) = \sum_j (z_{..}/z_{.j})(z_{ij}/z_{i.} - t_{jt}/c_{.t})^2$$

donde:

$z_{..}$ es el número total de ocurrencias o longitud del *corpus*.

$z_{.j}$ es la frecuencia de la forma *j*,

$z_{i.}$ es la longitud de la respuesta *i*.

1.4.3.2- Criterio del valor medio

Según la pertenencia de una respuesta a un texto, se puede atribuir la media de los valores-test correspondientes a las formas que componen la respuesta. La respuesta más característica será la respuesta cuya media sea más alta. Este criterio tiende a favorecer las respuestas cortas.

CAPÍTULO II

Técnicas Estadísticas Multivariadas para el Tratamiento de Tablas Léxicas

2.1- Introducción

Las tablas léxicas, descriptas en el capítulo anterior, se analizan utilizando técnicas del análisis estadístico multivariado o análisis de datos, como lo denomina la escuela francesa (Benzécri, 1973; Lebart y col., 1979; Lebart y col., 1995).

El análisis estadístico de datos permite simplificar y describir una información compleja y representarla en forma sintética. Las técnicas que lo conforman se dividen en:

- *Factoriales*: permiten visualizar las relaciones entre las filas y las columnas en un *espacio de dimensión menor* (generalmente un plano) con la menor pérdida de información.
- *de Clasificación*: permiten realizar grupos *en el espacio original* de las observaciones, a partir de una definición de distancia entre objetos y entre grupos de objetos.

Ambas son complementarias y pueden ser utilizadas simultáneamente.

En el tratamiento de datos textuales, las herramientas multivariadas más utilizadas son el Análisis Factorial de Correspondencias Simples (AFC) y el Análisis de Clasificación Automática (AC): el primero es una técnica factorial y el segundo, como su nombre lo indica, es una técnica de clasificación.

En el tratamiento estadístico de textos, se considera una nueva variable, la variable léxica, cuyas modalidades serán las *formas gráficas* del *corpus* tratado. Los individuos se representan en el espacio referenciados por dichas formas léxicas.

El AFC aplicado a las tablas léxicas da una visualización de las proximidades entre individuos y entre formas, permitiendo observar que formas y/o expresiones diferencian a los individuos. Procede por comparación de perfiles léxicos. Con la utilización de este método no se trata de saber qué dicen los individuos, pero si saber si dicen lo mismo (Bécue, 1991).

El AFC es utilizado también si se analiza conjuntamente información textual y no textual, ya que permite observar cuáles son las características objetivas de los individuos asociadas a un tipo de vocabulario. Por ejemplo, se podría ver si un mismo contenido semántico se expresa con formas distintas, según el grupo socioeconómico, el sexo, la edad, etc.

En síntesis, el AFC permite poner en evidencia los grandes rasgos estructurales relativos a ambos conjuntos (formas gráficas e individuos o grupos de individuos) analizados, mediante proyecciones sobre subespacios de dimensión reducida pero manteniendo la máxima dispersión de los datos originales.

Si el *corpus* analizado es de gran tamaño y fundamentalmente muy disperso, la información se reparte en varios planos de proyección o planos factoriales, lo que resulta dificultoso de leer e interpretar. En esta situación, las técnicas de clasificación son de mucha utilidad.

La clasificación automática de los individuos en función de su vocabulario completa y enriquece los resultados anteriores. Se puede caracterizar cada clase en función de la información objetiva que se tiene sobre los individuos que la componen. Los reagrupamientos se hacen a partir de las distancias de a dos calculadas en el espacio original de los datos y no en el espacio reducido. Por lo tanto, el AC, como complemento de las técnicas factoriales, puede corroborar los grupos conformados por dichas técnicas o sirve de complemento en la interpretación de sus resultados.

El objetivo del presente capítulo es realizar un desarrollo teórico de ambas técnicas.

2.2- Análisis Factorial de Correspondencias Simples (AFC)

El objetivo del Análisis Factorial de Correspondencias (Benzécri, 1976; Greenacre, 1984,1993) es encontrar la mejor representación **simultánea** de dos conjuntos constituidos por las filas y las columnas de una tabla de datos.

El Análisis Factorial de Correspondencias estudia las eventuales asociaciones entre las distintas categorías o modalidades de dos o más variables *cualitativas* o *categóricas*.

Se estudia las relaciones entre:

- *dos* variables *cualitativas* (*Tabla de Contingencia*), se denomina Análisis Factorial de Correspondencias Simples,
- *más de dos* variables *cualitativas*, se denomina Análisis Factorial de Correspondencias Múltiples.

Dentro del Análisis de Correspondencias, en el presente capítulo se desarrolla solamente el Análisis Factorial de Correspondencias Simples (AFC); en primer lugar, porque es el más utilizado en el tratamiento de datos textuales y, en segundo lugar, porque el Análisis de Correspondencias Múltiples es una extensión del Análisis de Correspondencias Simples.

El AFC se utiliza para analizar una tabla de contingencia (o de frecuencias absolutas) que cruza las modalidades de dos variables *categóricas* o *cualitativas,* V_1 y V_2 con n y p modalidades o categorías, respectivamente.

La figura 2.1 muestra una tabla de contingencia ***K*** de dimensiones *nxp* , que cruza las modalidades de dos variables V_1 (variable fila) y V_2 (variable columna).

		Variable V_2					
		1	....	*j*	...	*p*	
V	*1*	k_{11}	....	k_{1j}	....	k_{1p}	$k_{1.}$
a	:	:	....	:	....	:	:
r	*i*	k_{i1}	....	$\boldsymbol{k_{ij}}$	....	k_{iq}	$k_{i.}$
i	:	:	....	:	....	:	:
a	*n*	k_{n1}	....	k_{nj}	....	k_{np}	$k_{n.}$
		$k_{.1}$	....	$k_{.j}$	....	$k_{.p}$	k

Figura 2.1: Tabla de Contingencia $\mathbf{K}_{nxp}$

Donde:

k_{ij} representa el número de individuos que poseen la modalidad *i* de V_1 y la modalidad *j* de V_2.

k_i es la frecuencia de la modalidad *i* de V_1. Siendo $k_{i.} = = \sum_{j=1}^{p} k_{ij}$

$k_{.j}$ es la frecuencia de la modalidad *j* de V_2. Donde $k_{.j} = = \sum_{i=1}^{n} k_{ij}$

k es el número total de individuos, es la suma de todas las celdas de la Tabla *K*. $k = \sum_{i=1}^{n}\sum_{j=1}^{p} k_{ij} = \sum_{i=1}^{n} k_{i.} = \sum_{j=1}^{p} k_{.j}$

A cada modalidad de V_1 se la puede considerar como un vector de p coordenadas, es decir, como una p-upla ordenada de números; y a cada modalidad de V_2 se la puede considerar como un vector de n coordenadas, es decir, una n-upla ordenada de números.

Las modalidades de V_1 son puntos de un espacio de p dimensiones, o sea $[k_{ij}, j=1,...,p] \in R^p$; análogamente las modalidades de V_2 son puntos en un espacio de n dimensiones, es decir $[k_{ij}, i=1,...,n] \in R^n$.

Cuando se trabaja con la tabla de contingencia, los gráficos y observaciones dependen del tamaño total de la tabla (K). Si es elevado, los valores de cada celda también lo serán, y resulta engorrosa la interpretación en términos de frecuencias absolutas. Esto se equilibra si se considera para el análisis la tabla de frecuencias relativas o de porcentajes. Es decir, se relativiza cada ocurrencia observada al tamaño total de la tabla, obteniendo de esta forma la tabla de ***frecuencias relativas*** (figura 2.2).

		Variable V_2					
		1	....	*j*	...	*p*	
V	*1*	f_{11}	....	f_{1j}	....	f_{1p}	$f_{1.}$
a	:	:	....	:	....	:	:
r	*i*	f_{i1}	....	$f_{ij} = \frac{k_{ij}}{k}$	....	f_{ip}	$f_{i.}$
i							
a	:	:	....	:	....	:	:
b	*n*	f_{n1}	....	f_{nj}	....	f_{np}	$f_{n.}$
		$f_{.1}$	....	$f_{.j}$	....	$f_{.p}$	*1*

Figura 2.2: Tabla de frecuencias relativas $\mathbf{F}_{(nxp)}$

A veces resulta más cómodo utilizar la tabla de porcentajes que se obtiene multiplicando por 100 cada valor de la tabla de frecuencias relativas.

A partir de $\boldsymbol{K}_{nxp}$ se obtiene la matriz $\boldsymbol{F}_{nxp}$ de *frecuencias relativas,* donde el elemento *ij-ésimo* es $f_{ij} = \frac{k_{ij}}{k}$

Donde:

- las frecuencias marginales para filas, $f_{i.} = \sum_{j=1}^{p} f_{ij} = \frac{k_{i.}}{k}$ (donde $k_{i.}$ es el número de individuos que poseen la modalidad i de V_1)

- las frecuencias marginales para columnas, $f_{.j} = \sum_{i=1}^{n} f_{ij} = \frac{k_{.j}}{k}$ (donde $k_{.j}$ es el número de individuos que poseen la modalidad j de V_2).

Esta tabla conserva la información de la tabla ***K*** pero se ha neutralizado el efecto del tamaño total de la tabla.

Para analizar una tabla de contingencia utilizamos las *tablas de perfiles*. Estas tablas nos muestran la distribución de frecuencias de una variable condicionada a cada una de las modalidades de la otra variable.

Para obtener dichas tablas, la matriz de frecuencias relativas sufre una doble transformación: por un lado, en perfiles- fila y por otro, en perfiles-columna, generando dos nuevas tablas denominadas tabla de ***perfiles-filas*** y tabla de ***perfiles-columnas***. (Figura 2.3 y 2.4 respectivamente)

Los ***perfiles-filas*** son las distribuciones de frecuencias de la variable V_2 (o variable columna) condicionada a las modalidades de la variable V_1.

Un elemento a_{ij} de la matriz de *perfiles-fila*, se obtiene de dividir f_{ij} por el marginal de la fila *i,* es decir $a_{ij} = \frac{f_{ij}}{f_{i.}} = \frac{k_{ij}}{k_{i.}}$

Esto es que el perfil fila i es la distribución, en las distintas modalidades de V_2, de la clase de individuos que poseen la modalidad i para V_1.

Dado que $\sum_{j=1}^{p} \frac{f_{ij}}{f_{i.}} = 1$, los *n*-puntos filas están situados en un sub-espacio de dimensión *p-1*.

El **centro de gravedad** de esta nube es la media de los perfiles filas afectada de los pesos o masas respectivas $\sum_{i=1}^{n} f_{i.} \frac{f_{ij}}{f_{i.}} = f_{.j}$

Se define como ***perfil fila medio*** a la p-upla: $G_F = (f_{.1}, \ldots, f_{.j}, \ldots, f_{.p})$ cuyas componentes son las frecuencias marginales de las columnas. Luego el perfil fila medio es el ***peso*** o importancia de cada una de las modalidades de la variable V_2.

		Variable V_2					
		1	....	*j*	...	*p*	
Variable V_1	*1*						*1*
	:						*:*
	i			$a_{ij} = \frac{f_{ij}}{f_{i.}}$			*1*
	:						*:*
	n						*1*
		$f_{.1}$	....	$f_{.j}$	....	$f_{.p}$	

Figura 2.3: Tabla perfiles filas

Análogamente, los ***perfiles columna*** son la distribución de frecuencias de la variable V_1 condicionada a las modalidades de la variable V_2.

Un elemento b_{ij} de la matriz de perfiles columna se obtiene de dividir f_{ij} por el marginal de la columna *j,* es decir $b_{ij} = \frac{f_{ij}}{f_{.j}} = \frac{k_{ij}}{k_{.j}}$. Esto es que el perfil columna *j* es la distribución, en las distintas modalidades de V_1, de la clase de individuos que poseen la modalidad *j* para V_2.

Dado que $\sum_{i=1}^{n} \frac{f_{ij}}{f_{.j}} = 1$, los *p*-puntos columnas están situados en un subespacio de dimensión *n-1*.

El **centro de gravedad** de esta nube es la media de los perfiles columnas afectada de los pesos o masas respectivas $\sum_{j=1}^{p} f_{.j} \frac{f_{ij}}{f_{.j}} = f_{i.}$

Se define como ***perfil columna medio*** a la p-upla: $G_C = (f_{1.}, \ldots, f_{i.}, \ldots, f_{n.})$ cuyas componentes son las frecuencias marginales de las filas.

El perfil columna medio es el ***peso*** o importancia de cada una de las modalidades de la variable V_1.

		Variable V_2					
		1	....	*j*	...	*p*	
Variable V_1	*1*						$f_{1.}$
	:						:
	i			$b_{ij} = \frac{f_{ij}}{f_{.j}}$			$f_{i.}$
	:						:
	n						$f_{n.}$
		1	....	1	....	1	

Figura 2.4: Tabla de perfiles columna

Por lo tanto, el conjunto de puntos fila forma una nube de *n*-puntos en el espacio de *p*-columnas y el conjunto de puntos columna forma una nube de *p-puntos* en el espacio de *n*-filas.

La distancia euclídea entre dos perfiles (filas o columnas) no tiene en cuenta los efectivos totales de las modalidades, es necesario ponderar por la importancia de cada atributo fila o columna. Es decir, la semejanza entre dos filas (columnas) está definida por una distancia euclídea *ponderada* según la importancia de las columnas (filas).

Esta distancia se la conoce con el nombre de **distancia χ^2.**

$$d^2(perfil\ fila\, i\,;perfil\ fila\ m) = \sum_{j=1}^{p} \frac{1}{f_{.j}} \left(\frac{f_{ij}}{f_{i.}} - \frac{f_{mj}}{f_{m.}} \right)^2$$

$$d^2(perfil\ columna\ j\,; perfil\ columna\ l) = \sum_{i=1}^{n} \frac{1}{f_{i.}} \left(\frac{f_{ij}}{f_{.j}} - \frac{f_{il}}{f_{.l}} \right)^2$$

O sea, esta distancia es igual a la distancia euclídea usual (suma de los cuadrados de las diferencias entre los componentes de los perfiles), excepto una ponderación. Esta ponderación es la inversa de la frecuencia correspondiente a cada uno de los términos:

$\frac{1}{f_{.j}}$ para cada término en la suma que define la distancia entre los perfiles filas y $\frac{1}{f_{i.}}$ para cada término en la suma que define la distancia entre los perfiles columnas.

La distancia χ^2 verifica la propiedad denominada ***equivalencia distribucional,*** esta propiedad asegura una invarianza de las distancias entre filas cuando se agregan dos filas con idénticos perfiles. Análogamente, sucede lo mismo con las columnas (figura 2.5).

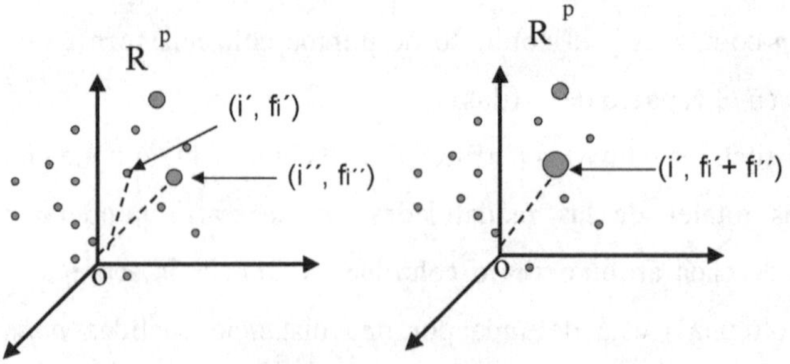

Figura 2.5: Propiedad de equivalencia distribucional.

Mediante la métrica χ^2, la elección arbitraria del número de modalidades de las variables modifica poco los resultados del AFC.

Se han definido las dos nubes de perfiles y sus correspondientes centros de gravedad. En cada espacio se estableció una distancia adecuada para medir la proximidad entre los puntos de dichos espacios. A continuación, se determina cuál es la dispersión de los puntos con respecto a su centro de gravedad; esta dispersión se la denomina ***inercia*** del sistema.

Se define ***inercia*** del sistema a la suma de los cuadrados de las distancias χ^2 al centro de gravedad.

La ***inercia*** de la nube de ***perfiles fila*** se define como la sumatoria de los cuadrados de las distancias entre los perfiles fila y el perfil fila medio, multiplicados por el peso de la respectiva fila.

$$I_F = \sum_{i=1}^{n} f_{i.} \cdot d^2(i,G_F) = \sum_{i=1}^{n} f_{i.} \sum_{j=1}^{p} \frac{1}{f_{.j}} \left(\frac{f_{ij}}{f_{i.}} - f_{.j} \right)^2$$

Análogamente, ***inercia total*** de la nube de ***perfiles columnas*** es igual a la sumatoria de los cuadrados de las distancias entre los perfiles columna y el perfil columna medio multiplicados por el peso de la respectiva columna.

$$I_C = \sum_{j=1}^{p} f_{.j} \cdot d^2(j,Gc) = \sum_{j=1}^{p} f_{.j} \sum_{i=1}^{n} \frac{1}{f_{i.}} \left(\frac{f_{ij}}{f_{.j}} - f_{i.} \right)^2$$

Ambas inercias toman mismo valor, es decir, la inercia de la nube de perfiles fila es igual a la inercia de la nube de perfiles columna.

Inercia total de la nube

$$I = \sum_{i=1}^{n} fi.\, d^2(i,G_F) = I\sum_{j=1}^{p} f_{.j} d^2(j,G_C) = \sum_{i=1}^{n}\sum_{j=1}^{p} \frac{(f_{ij} - f_{i.}f_{.j})^2}{f_{i.}f_{.j}} == \frac{\chi^2}{k} = \varphi^2$$

El coeficiente χ^2 puede pensarse como el cuadrado de la distancia entre la tabla de Contingencia observada y la tabla esperada bajo el supuesto de independencia.

Si este coeficiente toma el valor cero, traduce la independencia entre las variables.

El coeficiente $\phi^2 = \frac{\chi^2}{k}$ depende únicamente de las frecuencias relativas y no del tamaño n de la tabla.

Por lo tanto, *en una tabla de contingencia, el valor de la inercia total (I) es un indicador de la dispersión de la nube y una medida de la asociación entre las variables*, además:

$$I_F = I_C = I$$

La Tabla 2.1 muestra los elementos de análisis definidos hasta el momento.

F (nxp){f_{ij}}Matriz o Tabla de Frecuencias Relativas

Nube de n puntos líneas en R^p	**Nube de p puntos columnas en R^n**
$X_F = D^{-1}_n F$ (nxp): **Tabla de Perfiles Filas** El punto línea i tiene p componentes: $a_{ij} = \left\{\frac{f_{ij}}{f_{i.}}\right\}$ **Pesos:** $D_n = \begin{pmatrix} f_{1.} & \cdots & 0 \\ & f_{i.} & \\ 0 & \cdots & f_{n.} \end{pmatrix}$	$X_C = D^{-1}_p F'$ (pxn): **Tabla de Perfiles Columnas** El punto columna j tiene n componentes:: $b_{ij} = \left\{\frac{f_{ij}}{f_{.j}}\right\}$ **Pesos:** $D_p = \begin{pmatrix} f_{.1} & \cdots & 0 \\ & f_{.j} & \\ 0 & \cdots & f_{.p} \end{pmatrix}$
Cuadrado de la distancia entre filas= $= d^2(i,i') = \sum_{j=1}^{p} \frac{1}{f_{.j}} \left(\frac{f_{ij}}{f_{i.}} - \frac{f_{i'j}}{f_{i'.}}\right)^2$ M= D_p^{-1}:Métrica en el espacio de las filas $D_p = \begin{pmatrix} \frac{1}{f_{.1}} & \cdots & 0 \\ & \frac{1}{f_{.j}} & \\ 0 & \cdots & \frac{1}{f_{.p}} \end{pmatrix}$	**Cuadrado de la distancia entre columnas=** $= d^2(j,j') = \sum_{i=1}^{n} \frac{1}{f_{i.}} \left(\frac{f_{ij}}{f_{.j}} - \frac{f_{ij'}}{f_{.j'}}\right)^2$ M=D_n^{-1}: Métrica en el espacio de las columnas $D_n = \begin{pmatrix} \frac{1}{f_{1.}} & \cdots & 0 \\ & \frac{1}{f_{i.}} & \\ 0 & \cdots & \frac{1}{f_{n.}} \end{pmatrix}$
Perfil Fila Medio: $G_F = (f_{.1}, \ldots, f_{.j}, \ldots,$	**Perfil Columna Medio**: $G_C = (f_{1.}, \ldots,$

$f_{.p})$	$f_{j.},\ldots, f_{n.})$
Inercia de la nube de perfiles Fila: $I_F = \sum_{i=1}^{n} f_{i.} \, . \, d^2(i, G_F) =$ $= \sum_{i=1}^{n} f_{i.} \sum_{j=1}^{p} \frac{1}{f_{.j}} \left(\frac{f_{ij}}{f_{i.}} - f_{.j} \right)^2$	**Inercia de la nube de perfiles Columnas:** $I_C = \sum_{j=1}^{p} f_{.j} \, . \, d^2(j, Gc) =$ $\sum_{j=1}^{p} f_{.j} \sum_{i=1}^{n} \frac{1}{f_{i.}} \left(\frac{f_{ij}}{f_{.j}} - f_{i.} \right)^2$

Tabla 2.1 - Elementos base del análisis

Inercia proyectada sobre un eje

Se define como inercia de la nube de perfiles fila proyectados sobre un eje α (una determinada dirección en R^p):

$$I_{\alpha i} = \sum_{i=1}^{p} \psi_{i.} (F_\alpha(i))^2$$

siendo $\psi_\alpha(i)$ la coordenada de la proyección del perfil fila i-ésimo sobre el eje α.

De la misma forma se define *inercia de la nube de los perfiles columna proyectados sobre un eje* α a:

$$I_{\alpha j} = \sum_{j=1}^{q} f_{j.} . (\varphi_\alpha(j))^2$$

siendo, $\varphi_\alpha(j)$ la coordenada de la proyección del perfil columna j-ésimo sobre el eje α.

Luego, el **objetivo** del AFC es observar las relaciones existentes entre perfiles filas, perfiles columnas y perfiles filas y, perfiles columnas, mediante proyecciones sobre planos denominados factoriales.

2.2.1- Cálculo de los Planos Factoriales

Para estudiar la forma de la nube buscamos maneras de representarlas en planos que reflejen fielmente las relaciones entre las modalidades de las variables, estos planos son llamados ***planos factoriales***.

Para realizar estas representaciones se busca un conjunto de ejes *ortogonales* sobre los que se proyectará la nube de puntos. Dichos ejes se construyen bajo la condición de hacer máxima la inercia de la nube proyectada y bajo la restricción de ortogonalidad. A estos ejes se les denomina ***ejes factoriales***.

¿Cómo encontrar estos ejes?

La solución desde el Álgebra lineal (Baccalá y Montoro, 2008) es la siguiente:

Los perfiles fila centrados son vectores del espacio de p-dimensiones reales.

El cuadrado de la distancia χ^2, entre dos perfiles fila centrados es:

$$d^2(i,k) = \sum_{j=1}^{q} \frac{1}{f_{.j}} \left(\frac{f_{ij}}{f_{i.}} - f_{.j} - \frac{f_{kj}}{f_{k.}} + f_{.j}\right)^2 = \sum_{j=1}^{q} \frac{1}{f_{.j}} \left(\frac{f_{ij}}{f_{i.}} - \frac{f_{kj}}{f_{k.}}\right)^2 .$$

Esta distancia tiene asociado un producto escalar:

$$\theta(i,k) = \sum_{j=1}^{q} \frac{1}{f_{.j}} \left(\frac{f_{ij}}{f_{i.}} - f_{.j}\right)\left(\frac{f_{kj}}{f_{k.}} - f_{.j}\right)$$

cuya matriz métrica $\boldsymbol{D}^{-1}{}_p$ es diagonal y los elementos de la diagonal son $\frac{1}{f_{.j}}$ de tal manera que: $\theta(i,k) = i^T.\, \boldsymbol{D}^{-1}{}_p .k$ (donde i^T es el traspuesto de i).

Se obtiene un espacio euclídeo.

Sabiendo que un espacio euclídeo V, con un producto escalar θ, un endomorfismo f, se dice *simétrico* si cualquiera sean *i, k* de V se verifica:

$$\theta(i, f(k)) = \theta(f(i), k).$$

Se tiene como resultado del Álgebra lineal, que todo endomorfismo simétrico es diagonalizable y lo es ortogonalmente, es decir, existe una base ortonormal de V en la cual la matriz A de f es diagonal. Una base tal se obtiene reuniendo bases ortonormales de los autoespacios de f. La diagonal de A está formada por los autovalores de f.

Dada la matriz de los perfiles fila centrados $\boldsymbol{X}_n = \left(\frac{f_{ij}}{f_{i.}} - f_{.j}\right)_{ij}$

sea $\boldsymbol{D}^{-1}{}_p$ la matriz del producto escalar definida más arriba:

$$\boldsymbol{D}^{-1}{}_p = \begin{bmatrix} \frac{1}{f_{.1}} & 0 & \dots & 0 \\ 0 & \frac{1}{f_{.2}} & \dots & 0 \\ 0 & \dots & \frac{1}{f_{.i}} \dots & 0 \\ 0 & \dots & 0 \dots & \frac{1}{f_{.p}} \end{bmatrix}$$

y sea $\boldsymbol{D}_n$ la matriz diagonal de los pesos de las filas:

$$\boldsymbol{D}_n = \begin{bmatrix} f_{1.} & 0 & \dots & 0 \\ 0 & f_{2.} & \dots & 0 \\ 0 & \dots & f_{i.} \dots & 0 \\ 0 & \dots & 0 \dots & f_{n.} \end{bmatrix}.$$

La coordenada de la proyección de una fila i sobre la dirección de un vector $\boldsymbol{u}$ es el producto escalar de la fila i por $\boldsymbol{u}$, esto es:

$$\psi_u(i) = \theta(\boldsymbol{i}, \boldsymbol{u}) = \boldsymbol{i}^T.\boldsymbol{D}^{-1}{}_p.\boldsymbol{u}\ .$$

Se considera $\psi_u = \boldsymbol{X}\,\boldsymbol{D}^{-1}{}_p.\boldsymbol{u}$ al vector de coordenadas (proyecciones) de las filas de $\boldsymbol{X}_n$ en la dirección de $\boldsymbol{u}$.

La inercia proyectada sobre $\boldsymbol{u}$ será:

$$I_u = \sum_i f_{i.}(F_u(i))^2 = \boldsymbol{F}^T{}_u\,.\,\boldsymbol{D}_n.\,\boldsymbol{F}_u$$

Por lo que $I_u = \boldsymbol{u}^T.\,\boldsymbol{D}^{-1}{}_p.\boldsymbol{X}_n{}^T.\boldsymbol{D}_n.\,\boldsymbol{X}_n.\,\boldsymbol{D}^{-1}{}_p.\boldsymbol{u} = \theta(\boldsymbol{u}, \boldsymbol{X}_n^T.\boldsymbol{D}_n.\boldsymbol{X}_n.\boldsymbol{D}_p^{-1}.\boldsymbol{u})$.

Se observa que la matriz $\boldsymbol{X}_n{}^T.\boldsymbol{D}_n.\,\boldsymbol{X}_n.\,\boldsymbol{D}^{-1}{}_p$ es un endomorfismo simétrico dado que: $\theta(u, X_n^T.D_n.X_n.D_p^{-1}.v) = u^T.$ $D^{-1}{}_{p}.X_n{}^T.D_n.$ $X_n.$ $D^{-1}{}_{p}.v=$ $=$ $\theta(X_n^T.D_n.X_n.D_p^{-1}.u, v)$ y, por lo tanto, diagonalizable y sus vectores propios constituyen una base ortonormal.

Es decir, si e_1, ..., e_p son estos vectores propios, se tiene que $\theta(e_i, e_j) = e^T{}_i.D_p^{-1}.e_j = 0$ (para todo i distinto de j) y $\theta(e_i, e_i) = e^T{}_i.D_p^{-1}.e_i = 1$.

Sean λ_1.......λ_q los valores propios de $D^{-1}{}_{p}.X_n{}^T.D_n.$ $X_n.$ $D^{-1}{}_p$ ordenados en forma decreciente y sea $B = (e_1, ..., e_p)$ la base de vectores propios asociados, en el AFC se busca un vector u que maximice $u^T.$ $D^{-1}{}_{p}.X_n{}^T.D_n.$ $X_n.$ $D^{-1}{}_p$ $.u$ (inercia proyectada) y que sea normal, es decir, que verifique $u^T.$ $D^{-1}{}_{p}..u=1$

Se escribe a u en la base B y se tiene que $u = \sum_j \mathbf{u}_j \mathbf{e}_j$ y, por lo tanto:

$$u^T.\ D^{-1}{}_{p}..u \ = \ \sum_j \frac{1}{f_{.j}} u_j^2 = 1.$$

Dado que los λ_i son valores propios de $X_n{}^T.D_n.$ $X_n.$ $D^{-1}{}_p$ se tiene que:

$$X_n{}^T.D_n.\ X_n.\ D^{-1}{}_p\ u = X_n{}^T.D_n.\ X_n.\ D^{-1}{}_p\ .\sum_j u_j.e_j - \sum_j u_j.\lambda_j e_j$$

Por lo que la inercia proyectada será:

$$I_u = u^T.\ D^{-1}{}_{p}.X_n{}^T.D_n.\ X_n.\ D^{-1}{}_p\ .u = u^T.\ D^{-1}{}_{p}.\ \sum_j u_j.\lambda_j e_j = \sum_j \frac{1}{f_{.j}}.\lambda_j u_j^2$$

De donde: $$I_u \leq \lambda_1 \sum_j \frac{1}{f_{.j}}.u_j^2 = \lambda_1$$

Por lo tanto, λ_1 acota la inercia proyectada sobre u, por lo que ésta será máxima cuando $u_1 = 1$ o $u_1 = -1$ y todas las demás componentes de u sean 0. Por lo tanto $u = 1.e_1 = e_1$, es decir, el vector u buscado es un vector propio asociado al mayor valor propio (también se puede tomar $- e_1$).

Al ser los autovectores de este endomorfismo simétrico ortogonales dos a dos, un razonamiento similar al precedente muestra que la dirección ortogonal a e_1 que maximice la inercia proyectada es la del vector propio asociado al segundo valor propio λ_2. La sucesión de ejes ortogonales que van maximizando la inercia proyectada son las direcciones de la sucesión de vectores propios ordenados por sus valores propios decrecientes.

Para hallar las coordenadas de los perfiles sobre las direcciones de los ejes, aplicamos la matriz $\boldsymbol{X_n.D^{-1}}_p$ a cada vector.

Luego, la coordenada factorial de la proyección de un punto ***i*** sobre el eje α se simboliza $\psi_{\alpha i}$ y es igual a:

$$\psi_{\alpha i} = \sum_{j=1}^{p} \frac{f_{ij}}{f_{i.}f_{.j}} u_{\alpha j}$$

Finalmente, para simplificar, la matriz a diagonalizar es:

$\boldsymbol{S = X_n^T.D_n. X_n. D^{-1}_p = F'D^{-1}_n F D^{-1}_p}$, de término general: $s_{jj'} = \sum_{i=1}^{n} \frac{f_{ij} f_{ij'}}{f_{i.} f_{.j}}$

En R^n se procede de la misma forma y se maximiza la matriz

$$\mathbf{T = v^T D_n^{-1} F D_p^{-1} F^T D_n^{-1} v}$$

bajo la restricción $\mathbf{v^T D_n^{-1} v}$=1, siendo v vector propio de la matriz

$\mathbf{F D_p^{-1} F^T D_n^{-1} = T.}$

Luego, la coordenada factorial de la proyección de un punto *j* sobre el eje α se simboliza $\varphi_{\alpha j}$ y es igual a:

$$\varphi_{\alpha j} = \sum_{i=1}^{n} \frac{f_{ij}}{f_{i.}f_{.j}} v_{\alpha j}$$

En R^p	*Elementos*	*En R^n*
S	*Matriz a diagonalizar*	***T***
$S u_\alpha = \lambda_\alpha u_\alpha$	*Ejes Factoriales*	$T v_\alpha = \lambda_\alpha v_\alpha$
$\psi_\alpha = \mathbf{D}_n^{-1}\mathbf{F}\mathbf{D}_p^{-1}\mathbf{u}_\alpha$ $\psi_{\alpha i} = \sum_{j=1}^{p} \frac{f_{ij}}{f_{i.}f_{.j}} u_{\alpha j}$	*Coordenadas Factoriales*	$\varphi_\alpha = \mathbf{D}_p^{-1}\mathbf{F}'\mathbf{D}_n^{-1}\mathbf{v}_\alpha$ $\varphi_{\alpha i} = \sum_{i=1}^{n} \frac{f_{ij}}{f_{i.}f_{.j}} v_{\alpha i}$

Tabla 2.2- Elementos del AFC

Relaciones entre los dos espacios y relaciones pseudo-baricéntricas

Las matrices **S** y **T** tienen los mismos valores nulos no nulos λ_α y que entre los vectores propios de ambos análisis existen las siguientes relaciones de transición

$$\mathbf{v}_\alpha = \frac{1}{\sqrt{\lambda_\alpha}} \mathbf{F}\mathbf{D}_p^{-1}\mathbf{u}_\alpha$$

$$\mathbf{u}_\alpha = \frac{1}{\sqrt{\lambda_\alpha}} \mathbf{F}'\mathbf{D}_n^{-1}\mathbf{v}_\alpha$$

Se pueden expresar las coordenadas factoriales teniendo en cuenta estas relaciones:

$$\psi_\alpha = \sqrt{\lambda_\alpha}\mathbf{D}_n^{-1}\mathbf{v}_\alpha$$

$$\varphi_\alpha = \sqrt{\lambda_\alpha}\mathbf{D}_p^{-1}\mathbf{u}_\alpha$$

Siendo las i-ésima y j-ésima componentes, respectivamente:

$$\psi_{\alpha i} = \frac{\sqrt{\lambda_\alpha}}{f_{i.}} v_{\alpha i}$$

$$\varphi_{\alpha j} = \frac{\sqrt{\lambda_\alpha}}{f_{.j}} u_{\alpha j}$$

De estas expresiones surge una propiedad denominada relaciones **pseudo-baricéntricas** existentes entre las coordenadas sobre el eje de los puntos filas y los puntos columnas.

$$\psi_{\alpha i} = \frac{1}{\sqrt{\lambda_\alpha}} \sum_{j=1}^{p} \frac{f_{ij}}{f_{i.}} \varphi_{\alpha j} \quad \text{y} \quad \varphi_{\alpha j} = \frac{1}{\sqrt{\lambda_\alpha}} \sum_{i=1}^{n} \frac{f_{ij}}{f_{.j}} \psi_{\alpha i}$$

Por lo tanto, la representación de la modalidad i es el baricentro de las modalidades de la variable columna, ponderada por las frecuencias condicionales de perfiles i y simétricamente la representación de la modalidad j es el baricentro de las modalidades de la variable fila, ponderada por las frecuencias condicionales de perfiles j, salvo un factor de dilatación o ensanchamiento que es el factor $\frac{1}{\sqrt{\lambda_\alpha}}$.

El análisis de correspondencia puede ser presentado como la búsqueda del menor factor de dilatación que permita la representación simultánea considerando las relaciones pseudo-baricéntricas.

Es decir, las relaciones pseudo-baricéntricas justifican la representación simultánea de filas y columnas permitiendo posicionar cada punto de un espacio en relación con el conjunto de puntos definidos en el otro espacio. O sea, permite visualizar no sólo las proximidades entre perfiles filas, perfiles columnas sino también las proximidades entre perfiles filas y perfiles columnas.

En la Tabla 2.3 se presentan las fórmulas del AFC que se han desarrollado hasta el momento.

	Individuos o Filas R^p	Variables o Columnas R^n
Matrices de datos	$X_n = D^{-1}{}_n F$ **(nxp)** **Tabla de Perfiles Filas**	$X_p = \mathbf{D}^{-1}{}_p F^T$ **(pxn)** **Tabla de Perfiles Columnas**
Coordenadas	$\left\{\frac{f_{ij}}{f_{i.}}\right\}$	$\left\{\frac{f_{ij}}{f_{.j}}\right\}$
Pesos	$\mathbf{D_n} = \begin{pmatrix} f_{1.} & & 0 \\ & f_{i.} & \\ 0 & & f_{n.} \end{pmatrix}$	$\mathbf{D_p} = \begin{pmatrix} f_{i1} & & 0 \\ & f_{.j} & \\ 0 & & f_{.p} \end{pmatrix}$
Métrica	$\mathbf{D}_p^{-1}$	$\mathbf{D}_n^{-1}$
Inercia	$Tr(\mathbf{X}_n^T\mathbf{D}_n^{-1}\mathbf{X}_n\ \mathbf{D}_p^{-1})=$ $=Tr(\mathbf{F}^T\mathbf{D}_n^{-1}\mathbf{F}\ \mathbf{D}_p^{-1})$	$Tr(\mathbf{X}_p\mathbf{D}_p^{-1}\mathbf{X}_p^T\ \mathbf{D}_n^{-1})=$ $= Tr(\mathbf{F}\mathbf{D}_p^{-1}\mathbf{F}^T\ \mathbf{D}_n^{-1})$
Valor Propio	λ_α	λ_α
Vector propio	$\mathbf{u}_\alpha$	$\mathbf{v}_\alpha$
Coordenadas Factoriales	$\mathbf{A}_\alpha = \mathbf{X}_n\ \mathbf{D}_p^{-1}\mathbf{u}_\alpha =$ $= \lambda_\alpha^{1/2}\ \mathbf{v}_\alpha$ Vector cuyas componentes son las coordenadas de los n individuos proyectados sobre el eje factorial α.	$\mathbf{B}_\alpha = \mathbf{X}_p\mathbf{D}_n^{-1}\mathbf{v}_\alpha =$ $= \lambda_\alpha^{1/2}\ \mathbf{u}_\alpha$ Vector cuyas componentes son las coordenadas de las p variables proyectadas sobre el eje factorial α.

Tabla 2.3 : Fórmulas principales del AFC

2.2.2- Elementos para la interpretación de los ejes

En AFC, el valor de la inercia es un indicador de la dispersión de la nube y una medida de la asociación entre las variables. La inercia total se puede expresar también como:

$$I = \sum_{\alpha=1}^{p-1} \lambda_\alpha$$

La ***tasa de inercia*** de un eje es la relación entre la inercia proyectada sobre el eje y la inercia total de la nube de puntos. Es decir: $\tau_\alpha = \frac{\lambda_\alpha}{\sum_{\alpha=1}^{p-1} \lambda_\alpha}$

La tasa de inercia nos indica la importancia relativa de un eje respecto a los demás; en el caso de tablas de contingencia, puede considerarse como el porcentaje de la información explicada por cada eje. [Benzecri 73)

El porcentaje de la inercia global que es absorbido por cada eje, es utilizado para seleccionar la cantidad de ejes que se tendrán en cuenta para el análisis.

Estos porcentajes se pueden sumar cuando se refieren a varios ejes, de esa manera se hablará del porcentaje de inercia asociado a un plano o a los α primeros ejes.

2.2.2.1- Reglas de interpretación: contribuciones y cosenos cuadrados

Para interpretar los ejes factoriales se definen diferentes medidas para evaluar la "bondad" de la representación, en la dimensión elegida, de cada uno de los elementos filas y columnas que intervienen en el análisis. Estos coeficientes son las contribuciones y los cosenos cuadrados.

Contribuciones

Permiten conocer los elementos más importantes en la conformación de cada uno de los ejes ya que representan en qué porcentaje un elemento fila o columna contribuye a la inercia de la nube proyectada sobre un eje.

Contribución del elemento i al eje α :

$$Cr_{\alpha}(i) = \frac{f_{i.}\psi_{\alpha i}^{2}}{\lambda_{\alpha}}, \text{ siendo } \sum_{i=1}^{n} Cr_{\alpha}(i) = 1$$

Análogamente, para un el elemento j :

$$Cr_{\alpha}(j) = \frac{f_{.j}\,\varphi_{\alpha j}^{2}}{\lambda_{\alpha}}, \text{ siendo } \sum_{j=1}^{p} Cr_{\alpha}(j) = 1$$

Dado que en una Tabla de Contingencia cada elemento tiene peso diferente, es necesario considerarlo para analizar la contribución.

En la Figura 2.6 se puede observar tres situaciones diferentes: en *a)* tiene distinta contribución pues tienen distinto peso, en *b)* tienen distintas coordenadas y en *c)* la contribución es igual porque el punto tiene menor coordenada pero mayor peso que *i'*.

a) *b)* *c)*

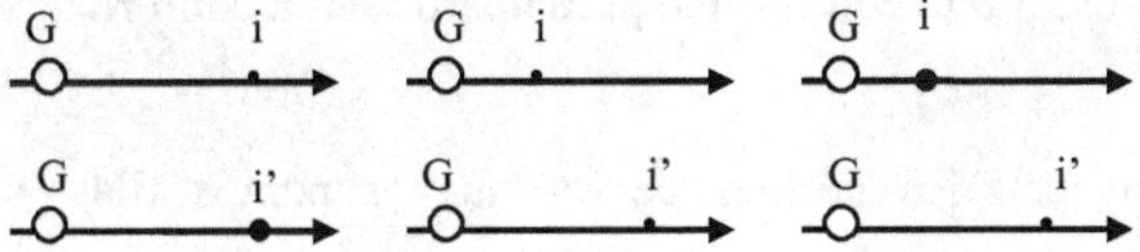

$Cr_{\alpha}(i) < Cr_{\alpha}(i')$ $\quad$ $Cr_{\alpha}(i) < Cr_{\alpha}(i')$ $\quad$ $Cr_{\alpha}(i) = Cr_{\alpha}(i')$

$f_{i} < f_{i'}$ $\quad$ $\Psi_{\alpha i} < \Psi_{\alpha i'}$ $\quad$ $f_{i}\,\Psi_{\alpha i} = f_{i'}\,\Psi_{\alpha i'}$

Figura 2.6: Contribuciones a los ejes factoriales

Cosenos cuadrados

Los cosenos cuadrados miden la calidad de la representación de un punto por un determinado eje.

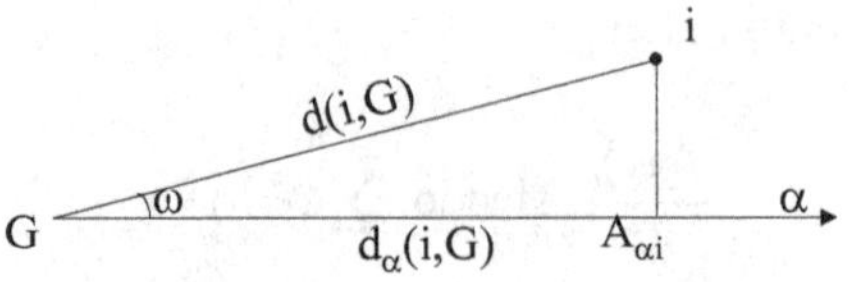

Calidad de representación del punto *i* por el eje α

$$Cos_{\alpha}^{2}(i) = \frac{d_{\alpha}^{2}(i,G)}{d^{2}(i,G)} = \frac{\psi_{\alpha i}^{2}}{d^{2}(i,G)} \text{, donde } \sum_{\alpha} Cos_{\alpha}^{2}(i) = 1$$

Análogamente, la calidad de representación del punto *j* por el eje α viene dado por la siguiente expresión: $Cos_{\alpha}^{2}(j) = \frac{d_{\alpha}^{2}(j,G)}{d^{2}(j,G)} = \frac{\varphi_{\alpha j}^{2}}{d^{2}(j,G)}$, luego para todo j, $\sum_{\alpha} Cos_{\alpha}^{2}(j) = 1$

2.2.3- Elementos suplementarios o ilustrativos

También pueden existir, dentro del análisis en la tabla de contingencia, elementos que consideramos ***suplementarios*** o ***ilustrativos***, estos elementos complementan el análisis, es decir enriquecen la tabla de contingencia aportando nuevos datos. Se trata de situar estos elementos en relación con los puntos activos, o sea, con los que participaron en la conformación de los ejes.

Es posible proyectar los perfiles de los nuevos puntos filas y puntos columnas sobre los ejes factoriales calculados a partir de los elementos activos.

Sea la *i*-ésima coordenada de la *j*-ésima columna suplementaria su perfil viene dado por $\left\{ \frac{k_{ij}^{+}}{k_{.j}^{+}}, i = 1,2,...,n \right\}$ con $k_{.j}^{+} = \sum_{i=1}^{n} k_{ij}^{+}$

Utilizando la fórmula de transición, la proyección de un punto j sobre el eje α viene dada por $\varphi_{\alpha j} = \frac{1}{\sqrt{\lambda_\alpha}} \sum_{i=1}^{n} \frac{k_{ij}^{+}}{k_{.j}^{+}} \psi_{\alpha i}$

Análogamente, para una modalidad *i* de una fila suplementaria se tendrá

$$\psi_{\alpha i} = \frac{1}{\sqrt{\lambda_\alpha}} \sum_{j=1}^{p} \frac{k_{ij}^{+}}{k_{i.}^{+}} \varphi_{\alpha j}$$

La importancia de una modalidad suplementaria en los ejes factoriales se evalúa utilizando los valores test, que expresan la distancia al origen de cada modalidad o categoría en términos de desviación Standard de una distribución Normal.

Por lo tanto, si el $|valor\ test| \geq 2$, la desviación es significativa en el eje considerado con un $\alpha \leq 0.05$

2.2.4- Otra forma de presentación del AFC: en relación al Análisis de Componentes Principales

Para esta nueva forma de presentación del AFC, se comienza con una breve introducción del Análisis de Componentes Principales (ACP) para definir, desde una perspectiva común, las nubes de puntos líneas y puntos columnas en ambos análisis (ACP y AFC).

En el **ACP**, como en todas las técnicas factoriales clásicas, se realiza una transformación adecuada de la tabla de datos, para representarla como dos nubes de puntos en dos espacios: el de los individuos y el de las variables.

La similitud entre individuos se traduce en una distancia geométrica (distancia euclídea) y la correlación entre variables en el ángulo entre los vectores que la representan.

Para visualizar las dos nubes de puntos, se proyectan sobre subespacios que conserven la mayor parte de la variabilidad de la tabla de datos.

Se realiza ACP de la tripleta (**X**, **M**, **D**)

Siendo:

X (nxp) tabla de datos que cruza n individuos y p variables: Se supone *centrada* para poder interpretar los ejes principales como direcciones de mayor variabilidad y los cosenos del ángulo entre vectores, variables como coeficientes de correlación

$$\mathbf{X} = \begin{array}{c} \\ 1 \\ \vdots \\ i \\ \vdots \\ n \end{array} \begin{array}{c} \begin{array}{ccccc} 1 & \cdots & j & \cdots & p \end{array} \\ \begin{pmatrix} \ddots & & \vdots & & ⋰ \\ & \ddots & \vdots & ⋰ & \\ \cdots & \cdots & x_{ij} & \cdots & \cdots \\ & ⋰ & & \ddots & \\ ⋰ & & \cdots & & \ddots \end{pmatrix} \end{array}$$

M - Métrica en el espacio de los individuos determinada por un producto $\langle u/v \rangle_M = u^T M v = v^T M u$ o

- Matriz diagonal de "pesos de las variables"

$$d^2(i,i') = \sum_j \left(x_{ij} - x_{i'j}\right)^2 m_j$$

$$\mathbf{M} = \begin{pmatrix} \frac{1}{S_1^2} & \cdots & 0 \\ \vdots & \ddots & \vdots \\ 0 & \cdots & \frac{1}{S_p^2} \end{pmatrix}$$

O si los datos están estandarizados **M= $\mathbf{I_p}$**, siendo $\mathbf{I_p}$ la matriz identidad de orden pxp

D - Métrica en el espacio de las variables o

- Matriz diagonal de "pesos de los individuos" a partir de los cuales se define la distancia entre variables

$p_i / \sum_i p_i = 1$ para que un coseno en R^n mida exactamente una correlación.

$$\mathbf{D} = \begin{pmatrix} \frac{1}{n} & \cdots & 0 \\ \vdots & \ddots & \vdots \\ 0 & \cdots & \frac{1}{n} \end{pmatrix} \text{ ó } \mathbf{D} = (1/n)\, \mathbf{I_n},$$

$\mathbf{I_n}$ la matriz identidad, esto es todos los individuos tienen el mismo peso.

Las fórmulas del ACP figuran en la Tabla 2.4

	Individuos o Filas R^p	**Variables o Columnas** R^n
Matrices de datos	$X_n = D^{-1}_n F$ **(nxp)** **Tabla de Perfiles Filas**	$X_p = D^{-1}_p F^T$ **(pxn)** **Tabla de Perfiles Columnas**
Coordenadas	$\left\{\frac{f_{ij}}{f_{i.}}\right\}$	$\left\{\frac{f_{ij}}{f_{.j}}\right\}$
Pesos	$\mathbf{D_n} = \begin{pmatrix} f_{1.} & & 0 \\ & f_{i.} & \\ 0 & & f_{n.} \end{pmatrix}$	$\mathbf{D_p} = \begin{pmatrix} f_{i1} & & 0 \\ & f_{.j} & \\ 0 & & f_p \end{pmatrix}$
Métrica	$\mathbf{D}_p^{-1}$	$\mathbf{D}_n^{-1}$
Inercia	$Tr(\mathbf{X}_n^T\mathbf{D}_n^{-1}\mathbf{X}_n\ \mathbf{D}_p^{-1})=$ $=Tr(\mathbf{F}^T\mathbf{D}_n^{-1}\mathbf{F}\ \mathbf{D}_p^{-1})$	$Tr(\mathbf{X}_p\mathbf{D}_p^{-1}\mathbf{X}_p^T\ \mathbf{D}_n^{-1})=$ $= Tr(\mathbf{F}\mathbf{D}_p^{-1}\mathbf{F}^T\ \mathbf{D}_n^{-1})$
Valor Propio	λ_α	λ_α
Vector propio	$\mathbf{u}_\alpha$	$\mathbf{v}_\alpha$
Coordenadas Factoriales	$\mathbf{A}_\alpha = \mathbf{X}_n\ \mathbf{D}_p^{-1}\mathbf{u}_\alpha =$ $= \lambda_\alpha^{1/2}\ \mathbf{v}_\alpha$ Vector cuyas componentes son las coordenadas de los n individuos proyectados sobre el eje factorial α.	$\mathbf{B}_\alpha = \mathbf{X}_p\mathbf{D}_n^{-1}\mathbf{v}_\alpha =$ $= \lambda_\alpha^{1/2}\ \mathbf{u}_\alpha$ Vector cuyas componentes son las coordenadas de las p variables proyectadas sobre el eje factorial α.

Tabla 2.4: Fórmulas principales del ACP de la tripleta (X,M,D)

El **AFC** puede verse como un ACP de una matriz **X**, definiendo las matrices de métrica y pesos en los dos espacios: de individuos y de variables, tal como se muestra en la Tabla 2.3, donde se resume las fórmulas principales del AFC.

Luego, se puede definir el AFC como el análisis de las dos tripletas siguientes:

a) $(\mathbf{X}_n, \mathbf{D}_p^{-1}, \mathbf{D}_n)$: estudio de las filas, pertenecientes al espacio R^p.

b) $(\mathbf{X}_p, \mathbf{D}_n^{-1}, \mathbf{D}_p)$: estudio de las columnas, pertenecientes al espacio R^n. .

Pero, a diferencia de lo que pasaba en el ACP, las dos matrices que contienen las coordenadas de los perfiles (filas y columnas) corresponden a dos transformaciones diferentes de la tabla de datos **F** (no son, simplemente, matrices transpuestas) y además las métricas empleadas en el análisis de una nube no son los pesos de la otra, pero si su inversa.

Sin embargo, estos dos espacios se pueden trabajar simultáneamente, a partir una misma transformación de la matriz $\mathbf{F}$. A ella se llega absorbiendo la métrica y las ponderaciones dentro de la matriz a analizar, ya sea partiendo de los perfiles-filas o de los perfiles-columnas.

Sea el análisis de los **perfiles-filas centrados**, siendo el elemento *ij*-ésimo:

$$\frac{f_{ij}}{f_{i.}} - f_{.j} = \frac{f_{ij} - f_{i.}f_{.j}}{f_{i.}} = \frac{1}{f_{i.}}\left(f_{ij} - f_{i.}f_{.j}\right).$$

En forma matricial, los perfiles filas centrados se expresan:

$\mathbf{D}_n^{-1}\left(\mathbf{F} - \mathbf{f}_n \mathbf{f}^T{}_p\right)$, siendo $\mathbf{f}_n = \mathbf{D}_n \mathbf{1}_n$ y $\mathbf{f}_p = \mathbf{D}_p \mathbf{1}_p$, vectores de elementos $f_{i.}$ y $f_{.j}$, respectivamente.

Luego, incluyendo tanto la métrica $\mathbf{D}_p^{-1}$ como las ponderaciones o pesos $\mathbf{D}_n$ y resolviendo, queda la expresión:

$$\tilde{\mathbf{X}}_n = \mathbf{D}_n^{-1/2}\left(\mathbf{F} - \mathbf{f}_n \mathbf{f}^T{}_p{}'\right)\mathbf{D}_p^{-1/2}. \qquad \textbf{(2.1)}$$

$$\text{de término general: } \tilde{\mathbf{X}}_n = \left\{\frac{\mathbf{f}_{ij} - f_{i.}f_{.j}}{\sqrt{f_{i.}f_{.j}}}\right\}$$

Cada elemento de la matriz expresada en (**2.1**) contiene la raíz cuadrada del término que contribuye al estadístico chi-cuadrado de Pearson para probar la independencia de filas y columnas.

En forma análoga se llega a esta misma expresión partiendo de los perfiles-columnas, con vector de promedios $\mathbf{f}_n$, métrica $\mathbf{D}_n^{-1}$ y ponderaciones $\mathbf{D}_p$.

Sea el análisis de los **perfiles-columnas centrados,** siendo el elemento *ij*-ésimo:

$$\frac{f_{ij}}{f_{.j}} - f_{.i} = \frac{f_{ij} - f_{i.}f_{.j}}{f_{.j}} = \frac{1}{f_{.j}}\left(f_{ij} - f_{i.}f_{.j}\right).$$

En forma matricial, los perfiles columnas centrados se expresan:

$\mathbf{D}_p^{-1}\left(\mathbf{F}^T - \mathbf{f}_n\,\mathbf{f}_p{}^T\right)^T$, siendo, $\mathbf{f}_n = \mathbf{D}_n\,\mathbf{1}_n$ y $\mathbf{f}_p = \mathbf{D}_p\,\mathbf{1}_p$, vectores de elementos $f_{i.}$ y $f_{.j}$, respectivamente. Luego, incluyendo tanto la métrica $\mathbf{D}_n^{-1}$ como las ponderaciones o pesos $\mathbf{D}_p$ y resolviendo, queda la expresión:

$\widetilde{\mathbf{X}}_p = \mathbf{D}_p^{-1/2}\left(\mathbf{F} - \mathbf{f}_p\,\mathbf{f}^T{}_n\right)\mathbf{D}_n^{-1/2}$ **(2.2)**

de término general: $\widetilde{\mathbf{X}}_p = \left\{\frac{\mathbf{f}_{ij} - f_{i.}f_{.j}}{\sqrt{f_{i.}f_{.j}}}\right\}$

Cada elemento de la matriz expresada en **(2.2)** contiene la raíz cuadrada del término que contribuye al estadístico Ji-cuadrado de Pearson para probar la independencia de filas y columnas.

Luego $\widetilde{\mathbf{X}}_p = \widetilde{\mathbf{X}}_n = \widetilde{\mathbf{X}}$, de término general: $\left\{\frac{\mathbf{f}_{ij} - f_{i.}f_{.j}}{\sqrt{f_{i.}f_{.j}}}\right\}$

La Tabla 2.5 presenta un compendio de lo expresado respecto a los perfiles.

Luego, resolver un AFC equivale a realizar:

1- un ACP no centrado de $\widetilde{\mathbf{X}}$ o

2- un ACP no centrado de una matriz $\hat{\mathbf{X}}$ de término general $\left\{\frac{\mathbf{f}_{ij} - f_{i.}f_{.j}}{f_{i.}f_{.j}}\right\}$,

donde las matrices de métrica y pesos son diagonales de término general $f_{i.}$ y $f_{.j}$. Los pesos de las filas son $f_{i.}$ y los de las columnas, $f_{.j}$.

Se debe notar que en esta última presentación del AFC, se hace en relación al centro de gravedad, mientras que la que se presenta en el inciso 2.2 es con las nubes no centradas. Pero ambos análisis coinciden.

En el AFC en relación al centro de gravedad la inercia proyectada en el primer eje vale 1 porque la primera componente pasa por el centro de gravedad y su distancia al origen vale 1, luego se consideran las p-1 primeras componentes

La nube no centrada está contenida en un hiperplano de dimensión p-1 porque la suma de las marginales da 1.

	Fila $\in R^p$	Columnas $\in R^n$
Perfiles	$\mathbf{X}_n = \mathbf{D}^{-1}_n \mathbf{F}$ (nxp), $\left\{\frac{f_{ij}}{f_{i.}}\right\}$	$\mathbf{X}_p = \mathbf{D}^{-1}_p \mathbf{F}^T$ (pxn), $\left\{\frac{f_{ij}}{f_{.j}}\right\}$
Perfiles Centrados	$\mathbf{D}^{-1}_n (\mathbf{F}-\mathbf{f}_n \mathbf{f}_p^T)$ $\left\{\frac{f_{ij}}{f_{i.}} - f_{.j} = \frac{f_{ij} - f_{i.}f_{.j}}{f_{i.}}\right\}$ Pesos: $\mathbf{D_n} = \begin{pmatrix} f_{1.} & & 0 \\ & f_{i.} & \\ 0 & & f_{n.} \end{pmatrix}$ Métrica: $\mathbf{D}_p^{-1}$	$\mathbf{D}^{-1}_p (\mathbf{F}-\mathbf{f}_n \mathbf{f}_p^T)^T$ $\left\{\frac{f_{ij}}{f_{.j}} - f_{i.} = \frac{f_{ij} - f_{i.}f_{.j}}{f_{.j}}\right\}$ Pesos: $\mathbf{D_p} = \begin{pmatrix} f_{i1} & & 0 \\ & f_{.j} & \\ 0 & & f_{.p} \end{pmatrix}$ Métrica: $\mathbf{D}_n^{-1}$
Perfiles centrados, incluyendo métrica y pesos	$\mathbf{D}_n^{-1/2} (\mathbf{F}-\mathbf{f}_n \mathbf{f}_p^T) \mathbf{D}_p^{-1/2}$ $\left\{\sqrt{f_{i.}} \Big/ \sqrt{f_{.j}} \left(\frac{f_{ij} - f_{i.}f_{.j}}{f_{i.}}\right)\right\} = \frac{f_{ij} - f_{i.}f_{.j}}{\sqrt{f_{i.}f_{.j}}}$	$\mathbf{D}_p^{-1/2} (\mathbf{F}-\mathbf{f}_n \mathbf{f}_p^T) \mathbf{D}_n^{-1/2}$ $\left\{\sqrt{f_{i.}} \Big/ \sqrt{f_{.j}} \left(\frac{f_{ij} - f_{i.}f_{.j}}{f_{i.}}\right)\right\} = \frac{f_{ij} - f_{i.}f_{.j}}{\sqrt{f_{i.}f_{.j}}}$
	$\mathbf{D}_n^{-1} (\mathbf{F}-\mathbf{f}_n \mathbf{f}_p^T) \mathbf{D}_p^{-1}$ $\frac{f_{ij} - f_{i.}f_{.j}}{f_{i.}f_{.j}}$ Pesos: $\mathbf{D_n} = \begin{pmatrix} f_{1.} & & 0 \\ & f_{i.} & \\ 0 & & f_{n.} \end{pmatrix}$ Métrica: $\mathbf{D_p} = \begin{pmatrix} f_{i1} & & 0 \\ & f_{.j} & \\ 0 & & f_{.p} \end{pmatrix}$	$\mathbf{D}_p^{-1} (\mathbf{F}-\mathbf{f}_n \mathbf{f}_p^T)^T \mathbf{D}_n^{-1}$ $\frac{f_{ij} - f_{i.}f_{.j}}{f_{i.}f_{.j}}$ Pesos: $\mathbf{D_p} = \begin{pmatrix} f_{i1} & & 0 \\ & f_{.j} & \\ 0 & & f_{.p} \end{pmatrix}$ Métrica: $\mathbf{D_n} = \begin{pmatrix} f_{1.} & & 0 \\ & f_{i.} & \\ 0 & & f_{n.} \end{pmatrix}$

Tabla 2.5: Otra forma de presentar los perfiles: Perfiles Centrados

2.3- Métodos de Clasificación

2.3.1-Introducción

Uno de los objetivos de la Lexicometría o Estadística Textual, como se ha expresado anteriormente, es diferenciar las palabras características de los individuos a fin de agruparlas en categorías que prescinden, al menos por un tiempo, de la subjetividad del investigador.

El Análisis de Clasificación o Cluster Analysis (AC) permite, a partir de una noción de distancia entre palabras /unidades estadísticas y entre grupos de palabras/unidades estadísticas, construir clases o tipologías del conjunto general.

El AC suele utilizarse como complemento de los métodos factoriales simétricos (por ejemplo el ACP o el AFC), por lo tanto, en el presente trabajo de tesis se presenta las características generales del AC y, con más detalles, los procedimientos de este análisis que más se utilizan en el estudio estadístico del léxico.

2.3.2-Análisis de Clasificación (AC)

Aplicar un Método de Clasificación a un conjunto de unidades estadísticas o de observación significa definir, en ese conjunto, las clases entre las cuales se distribuyen sus elementos, a partir de su distancia dos a dos.

Se denominan *clases* a los subconjuntos de unidades de estadísticas que son identificables en el espacio de representación como grupos separados, en razón de la alta densidad de individuos en las zonas consideradas y la baja densidad de individuos en las zonas que los separan. (Baccalá y Montoro, 2008)

El AC se desarrolla, en general, de la siguiente manera:

- Se parte de una matriz **X** de nxp (de n individuos o unidades estadísticas sobre los que se observaron p variables), se crea una matriz **D**(nxn) [ó **D**(pxp)], matrices de distancias o disimilaridades, que indican el grado de semejanza entre pares de individuos (o pares de variables).

- Se elige un *algoritmo de clasificación* que permite reagrupar los individuos (y/o variables) en base al grado de semejanza.
- Se describe la conformación de las clases obtenidas y se evalúa la calidad de la clasificación.

Por lo tanto, el investigador debe resolver dos problemas: *cómo* evaluar la semejanza entre individuos y *qué* estrategias de agregación utilizar para medir la semejanza *entre subconjuntos* de individuos.
Para evaluar la semejanza entre elementos se definen: Índices de Similaridad, Índices de Disimilaridad, Distancias y Distancias ultramétricas

2.3.3- Medidas de similaridades/disimilaridades

Índices de similaridad

La semejanza entre dos individuos i e i' puede ser definida por una función a valores reales que simbolizaremos $S_{i,i'}$, y que es un índice de similaridad si cumple con las siguientes condiciones:
es una función simétrica: $S_{i,i'} = S_{i',i} \quad \forall i \ ; \forall i'$
$S_{i,i} = S_{i',i'} \quad \forall i \ ; \forall i'$ y $S_{i,i'} \leq S_{i,i} = S_{i',i'}$
En general: $0 \leq S_{i,i'} \leq 1$.

Índices de disimilaridad

Varían a la inversa de los índices de similaridad.
Si: $d_{ii'} = 1 - S_{ii'}$ y además verifica:

$d_{ii'} = d_{i'i} \quad \forall i \ ; \forall i'$

$d_{ii} = d_{i'i'} \quad \forall i \ ; \forall i'$ y $d_{ii'} \geq d_{i,i} = d_{i'i'}$

entonces, $d_{ii'}$ es un índice de disimilaridad. Luego: $0 \leq d_{ii'} \leq 1$

Distancias

Se denomina "distancia" a todo índice de disimilaridad que satisface también la propiedad triangular, es decir

$d_{ii'} = d_{i'i}$ $\forall i$; $\forall i'$ $\Rightarrow$ la Tabla D(nxn) es simétrica.

$d_{ii'} = 0$ si y sólo si $i=i'$ $\Rightarrow$ la Tabla D(nxn) tiene diagonal nula.

$d_{ii'} \leq d_{ik} + d_{ki'}$ $\forall i$; $\forall i'$ y $\forall k$ esta propiedad es llamada "propiedad triangular".

Si $d_{ii'}$ es una distancia, entonces la semejanza entre individuos puede ser representada en un espacio euclídeo.

En general, el índice que evalúa la semejanza entre individuos depende del tipo de datos (binarios, por intervalos o frecuencias), existen en cada caso diferentes índices (Cuadras, 1996; Aldenderfer y otros, 1984; Anderberg, 1973; Everitt y Rabe-Hesketh, 1997; Everitt y otros, 2001).

A continuación se mencionan algunos a modo de ejemplo:

Datos binarios: los índices de Indice Russell and Rao, simple matching, Jaccard, Dice, Rogers and Tanimoto, Sokal and Sneath 1, Sokal and Sneath 2, Sokal and Sneath 3, Kulczynski 1, Kulczynski 2, Sokal and Sneath 4, Hamann, Lambda, Anderberg's D, Yule's Y, Yule's Q, Ochiai, Sokal and Sneath 5, entre otros.

Datos por intervalos: distancia euclídea, distancia de Chebychev, distancia de Minkowski o distancia de Manhattan, distancia de Mahalanobis, coeficiente de correlación de Pearson, entre otros.

Frecuencias: Distancia Ji-Cuadrado, Phi cuadrado, entre otras.

Distancia ultramétrica

Si $d_{ii'}$ es una distancia y además satisface la siguiente desigualdad:

$d_{ii'} \leq \max(d_{ik}, d_{ki'})$ $\forall i$; $\forall i'$ y $\forall k$ (*)

entonces $d_{ii'}$ es una distancia ultramétrica.

Entre tres puntos i , i´ y k existe una distancia ultramétrica cuando formen un triángulo isósceles con los dos lados iguales, iguales o mayores que el tercero.

La desigualdad ultramétrica es más exigente que la desigualdad triangular, por lo tanto, toda ultramétrica es una distancia pero no toda distancia es necesariamente una ultramétrica.

Una vez completamente definida la medida para evaluar la similitud entre pares de objetos, se debe elegir el algoritmo para la conformación de los grupos o clases.

2.3.4- Distintos métodos de clasificación

Existen dos grandes tipos de métodos estadísticos que permiten clasificar, estos son: los *métodos de clasificación directa* y los *métodos de clasificaciones jerárquicas*. También existen métodos llamados *mixtos*, donde se combinan las ventajas de los dos tipos de métodos anteriores.

2.3.4.1- Métodos de clasificación directa

En estos métodos se fija de antemano el número de clases y se evalúa la calidad de las particiones utilizando distintos algoritmos.

Los tipos de algoritmos no jerárquicos son:

- centros móviles.
- nubes dinámicas.

- ***Método de los centros móviles*** *(Algoritmo de Forgy)*:

Este método es utilizado en grandes conjuntos de datos. Sean n individuos sobre los que se miden p variables

Paso 0) Punto de arranque:

se elige k puntos que van a constituir los centros iniciales:

$$g_1^0, g_2^0, \dots g_k^0$$

Paso 1) Se definen las clases y se calculan sus nuevos centros:

se asigna el individuo xi a la clase C_r^1 si xi está más próximo de g_r^0 que de cualquier otro centro g_j^0:

$$\mathrm{Inf}_{j=1\ldots k}\, d(xi, g_j^0) = d(xi, g_r^0).$$

Siguiendo este criterio de proximidad, se agrupan los n individuos en torno a los k centros $g_1^0, g_2^0, \ldots g_k^0$ iniciales.

Se obtienen k clases: $C_1^1, C_2^1, \ldots C_k^1$

y sus centros de gravedad: $g_1^1, g_2^1, \ldots g_k^1$

Paso 2) Como el Paso 1, pero para definir las clases, en lugar de los centros iniciales $g_1^0, g_2^0, \ldots g_k^0$, se utilizan ahora los nuevos centros: $g_1^1, g_2^1, \ldots g_k^1$

Se obtienen k clases: $C_1^2, C_2^2, \ldots C_k^2$

y sus centros son ahora: $g_1^2, g_2^2, \ldots g_k^2$

Paso 3) Se repite siempre lo mismo, tomando cada vez los centros obtenidos en el paso anterior (i-1):

se agrupan puntos en torno a los centros

$$g_1^{i-1}, g_2^{i-1}, \ldots g_k^{i-1}$$

se obtienen k clases: $C_1^i, C_2^i, \ldots C_k^i$

y sus centros: $g_1^i, g_2^i, \ldots g_k^i$

...

Se continúa con este procedimiento hasta que Inercia Intra se estabiliza o cambia poco.

Algunos programas (SPAD, por ejemplo) permiten repetir el algoritmo completo varias veces, pero arrancando con diferentes centros iniciales. Determinan las llamadas "clases estables", que son las que aparecen al final de todos los procesos (individuos que siempre terminan juntos en la misma clase de la partición final). Los individuos restantes constituyen una nueva clase o se asignan a la clase estable más próxima.

- ***Método de las nubes dinámicas***

A diferencia del método anterior, donde cada clase es definida por un único individuo, el método de las nubes dinámicas considera cada clase como un *núcleo* conformado por *varios individuos*. De esta forma la distancia utilizada es la de distancia entre dos subconjuntos. Una vez realizado esto, se ejecuta el algoritmo del método anterior.
La desventaja de este método subyace en la arbitrariedad en la elección de los núcleos elegidos.

2.3.4.2- Métodos de clasificaciones jerárquicas

En los métodos jerárquicos, los elementos se van agrupando en particiones sucesivas a "distintos niveles de agregación o agrupamiento".
Se dividen en métodos *ascendentes,* que van sucesivamente fusionando grupos en cada paso, y métodos *divisivos o descendentes*, que van desglosando el conjunto total o inicial en grupos cada vez más pequeños.
Establecer una clasificación jerárquica supone poder realizar una serie de particiones del conjunto total de unidades estadísticas, de forma que existan particiones a distintos niveles que vayan agregando (o desagregando) a las particiones de los niveles inferiores.
Por lo tanto, la clasificación jerárquica produce grupos o clases de diferentes niveles estructurados de forma ordenada, es decir, estableciendo una "jerarquía", de ahí su nombre.

La representación de la jerarquía de clases obtenida suele realizarse mediante un diagrama en forma de árbol denominado **dendrograma**, en el que las sucesivas uniones de las ramas a los distintos niveles nos informan de las sucesivas fusiones de los grupos en grupos de nivel superior (mayor tamaño, menor homogeneidad) sucesivamente.

En un dendrograma, un *nodo* representa la unión de dos elementos (un individuo y un grupo o dos grupos); y su ubicación en el gráfico es proporcional a la distancia entre estos dos elementos. Este tipo de representación permite visualizar mejor las diferentes agrupaciones realizadas. El algoritmo reúne, en cada paso, elementos cada vez más distantes; aumentando de esta forma la distancia mínima entre las clases.

El nivel de agrupamiento viene dado por un indicador o *índice*, que debe ser proporcional a la distancia o disimilaridad considerada en la unión (distancia de agrupamiento). El valor de la distancia entre dos elementos es igual al valor del índice correspondiente al primer nodo que reúne a ambos elementos.

A modo de ejemplo, a continuación se representa en un dendograma la clasificación de cinco elementos.

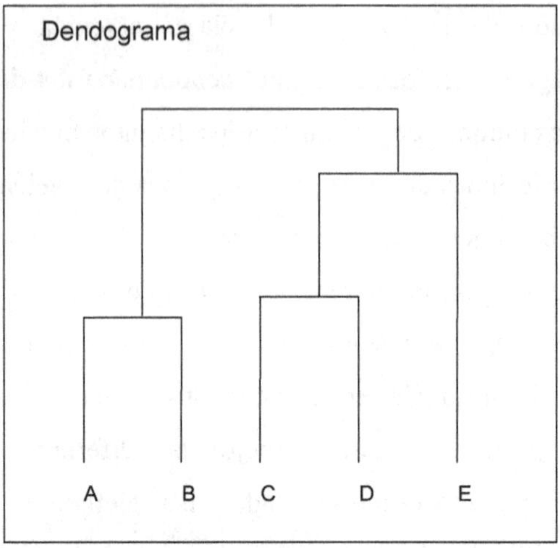

Figura 2.6: Dendograma

En la figura 2.6 se lee que tanto los elementos A y B, como C y D son próximos entre sí, por lo tanto, se agregan en los primeros pasos. Luego, se agrupan los elementos CD y E y, por último, los conjuntos AB con CDE. Estas clases constituyen una jerarquía indexada de clases parcialmente anidadas.

Esta representación no es única, pues toda permutación entre dos elementos o colección de elementos agregados en un mismo nodo conduce a otra representación equivalente.

Si el número de elementos a clasificar es importante, puede resultar engorroso su estudio. Para sortear este problema es muy útil fijar un *nivel de corte* en el árbol, este limita los niveles de agrupamiento y, de esta forma, se considera solamente la parte superior del árbol.

La elección de este corte debe apoyarse en los valores del índice, pues, de esta forma, en el interior de las clases definidas por el corte, los elementos están próximos y los elementos que pertenecen a clases diferentes están alejados, como muestra la figura 2.7.

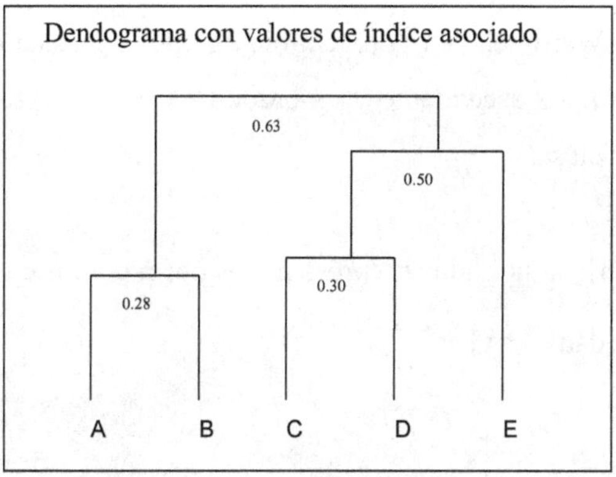

Figura 2.7: Dendograma con valores de índice asociado

El valor d

Se demuestra que todo árbol de clasificación indexado permite definir una distancia ultramétrica y que a toda distancia ultramétrica definida sobre un conjunto de objetos se le puede asociar un árbol de clasificación indexado.

Esto es, definida la distancia entre pares de elementos o unidades estadísticas, los métodos de agregación transforman las distancias originales en distancias ultramétricas, modificando lo menos posible las distancias originales.

Los métodos de agregación más utilizados, entre otros, son: *Método del vecino más cercano; Método del vecino más lejano; Método del centroide; Método del Ward* (Everitt *et al.*,1997; Everitt y otros, 2001).

Se desarrolla a continuación solo el Método de Ward, ya que se considera a menudo como el mejor método (Lebart *et al*, 1995) para el procesamiento de datos euclidianos y en la Lexicometría se aplica el AC a las coordenadas factoriales o variables latentes de las palabras, como se explica posteriormente.

Método de Ward

El Método de Ward es un procedimiento de agregación en una clasificación jerárquica ascendente y es basado en el concepto de Inercia Intra-clase e Inter-clase.

Sean $\{x_i \,/\, i = 1,\ldots,n\}$; n individuos representados por n puntos en R^J

El centro de gravedad: $G = \frac{1}{n}\sum_{i=1}^{n} \mathbf{x}_i$

La Inercia Total: $\mathbf{I_T} = \frac{1}{n}\sum_{i=1}^{n} d^2(G, \mathbf{x}_i)$

Sea $\{A_h \,/\, h = 1,\ldots,H\}$; una partición del conjunto de individuos.

Notación:

n_h: número de individuos de A_h, con h=1,...H.

G_h: centro de gravedad de A_h, con h=1,...H.

$\mathbf{IA_h}$: inercia de la clase A_h, siendo $IA_h = \frac{1}{n_h}\sum_{x_i \in A_h} d^2(\mathbf{x}_i, G_h)$.

Sea:

$$I_{Intra} = \sum_{h=1}^{H} \frac{n_h}{n} IA_h \qquad \text{y} \qquad I_{Inter} = \sum_{h=1}^{H} \frac{n_h}{n} d^2(G, G_h)$$

Se puede probar que:

$I_T = I_{Intra} + I_{Inter}$

Al comenzar, la partición está constituida por todos los objetos o individuos por separado, entonces

$$I_{Intra} = 0 \Rightarrow I_T = I_{Inter}$$

En cada etapa se reagrupan dos individuos o clases incrementando la inercia Intraclase.

La partición final contiene un elemento que reagrupa a todos los individuos, por lo que

$$I_{Inter}= 0 \Rightarrow I_T= I_{Intra}$$

Se demuestra que si se agrupan dos clases A_h y $A_{h'}$ el incremento de inercia Intra se mide con el siguiente índice:

$$\Delta_{h \cup h'} = \frac{p_h p_{h'}}{p_h + p_{h'}} d^2 (G_h G_{h'})$$

Siendo: $p_h = \frac{n_h}{n}$ y $p_{h'} = \frac{n_{h'}}{n}$

Criterio: minimizar el incremento de la inercia Intra-clase.

Procedimiento:

En cada etapa se calcula para cada par de clases A_h y $A_{h'}$ la cantidad $\Delta_{h \cup h'}$= Indice.

La suma de los incrementos es igual a la Inercia Total $\Rightarrow$ la suma de los índices es igual a la Inercia Total.

Veamos un ejemplo (Fine 1996, Baccalá y Montoro 2008)

Sean dos variables reales X e Y observadas en 5 individuos denominados *a, b, c, d* y *e.*

	X	**Y**
A	3	4
B	3	2
C	6	5
D	5	5
E	2	1

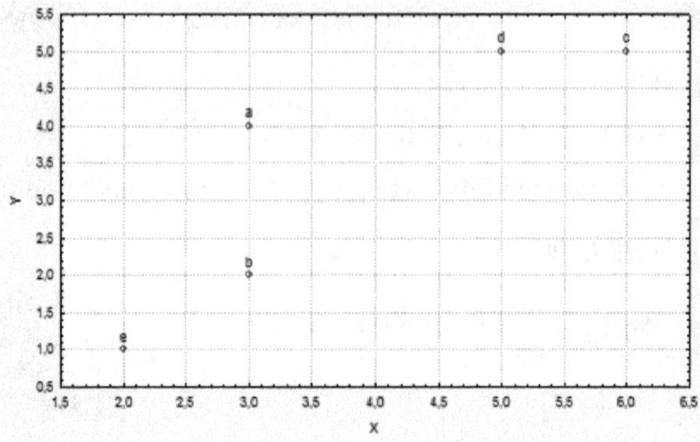

Los datos pueden representarse gráficamente:

utilizamos la distancia euclídea clásica, por ejemplo:

$$d^2(a,c) = (6-3)^2 + (5-4)^2 = 10$$

El cuadrado de la distancia euclídea entre todos los pares de individuos se muestra en la tabla siguiente:

	a	***b***	***c***	***d***
B	4			
C	10	18		
D	5	13	1	
E	10	2	32	25

Las coordenadas del centro de gravedad G son:

$G_X = 1/5\,(3+3+6+5+2) = 3.8$ y $G_Y = 1/5(4+2+5+5+1) = 3.4$.

Se trata de las medias de las variables X e Y.

La inercia total: $I_T = V(X) + V(Y) = 2.16 + 2.64 = 4.80$

El índice Δ calculado para cada par de individuos es:

	a	*b*	*c*	*d*
b	0.4			
c	1.0	1.8		
d	0.5	1.3	**0.1**	
e	1.0	0.2	3.2	2.5

Se obtiene el mínimo que es 0.1, para el reagrupamiento de c y d (nodo Nº 6 de índice 0.1; los números de 1 a 5 están reservados para la identificación de los individuos).

Las coordenadas del centro de gravedad de c y d son: (5.5, 5) y su peso es igual a 2; obtenemos entonces la siguiente partición:

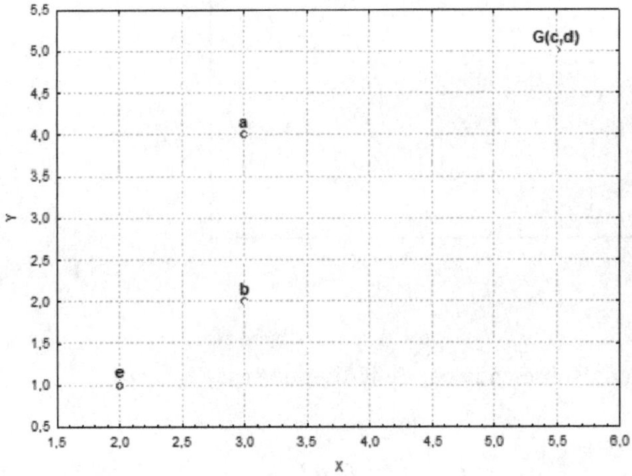

El índice Δ calculado sobre cada par de individuos es:

	a	*b*	*{c,d}*
b	0.40		
{c,d}	0.97	2.03	
e	1.00	**0.20**	3.77

Se obtiene el mínimo para el reagrupamiento de b y e (nodo Nº 7 de índice 0.20).

Las coordenadas del centro de gravedad de b y e son (2.5, 1.5) y su peso es igual a 2; obtenemos entonces la partición siguiente:

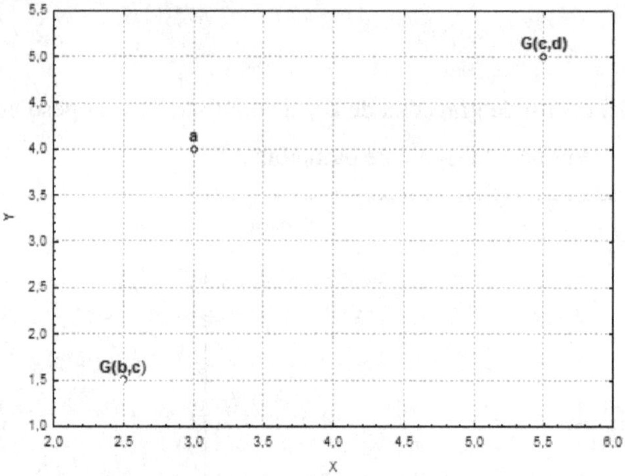

El índice Δ calculado sobre cada par de individuos es:

	a	*{c,d}*
{c,d}	0.97	
{e,b}	0.87	4.25

Se obtiene el mínimo para el reagrupamiento de a y {e,b} (nodo Nº 8 de índice 0.87).

Las coordenadas del centro de gravedad de a y {e,b} son (2.67, 2.33) y su peso es igual a 3; obtenemos entonces la partición siguiente:

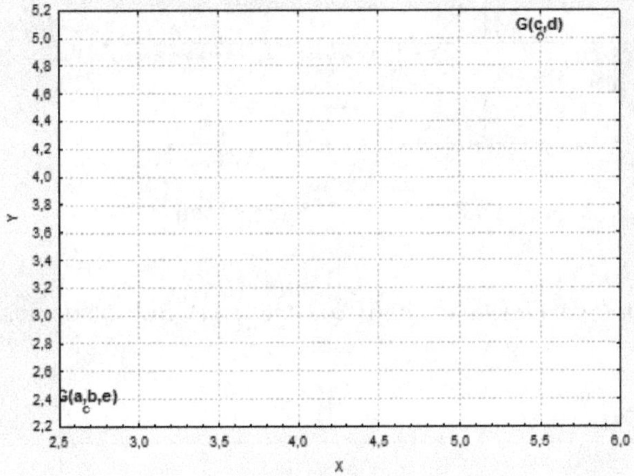

El índice Δ(A,B) entre {c,d} y {a,b,e} es 3.63 y corresponde al nodo Nº 9.

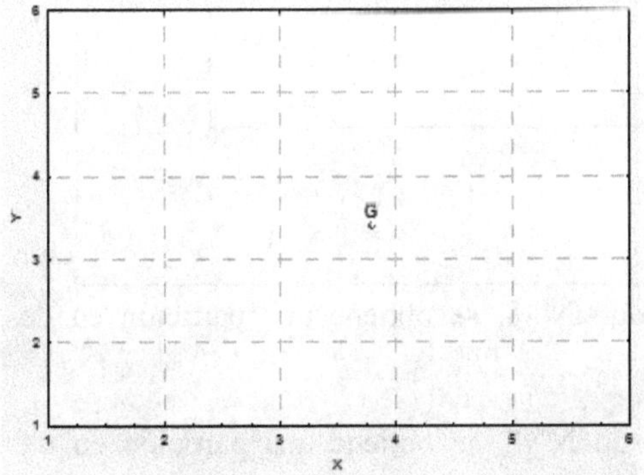

Las coordenadas del centro de gravedad son (3.8, 3.4) y todos los individuos están reagrupados en el centro de gravedad:

Se pueden describir los nodos mediante un *histograma de los índices de nivel.*

Nº	Elementos	Efectivo s	Indic e	
6	c,d	2	0.10	*
7	b,e	2	0.20	**
8	a,7	3	0.87	*******
9	6,8	5	3.63	****************** ***********

La suma de los índices es igual a 4.8, valor de la inercia total.

Se construye el *árbol de clasificación* (o *dendograma*) respetando los índices de nivel.

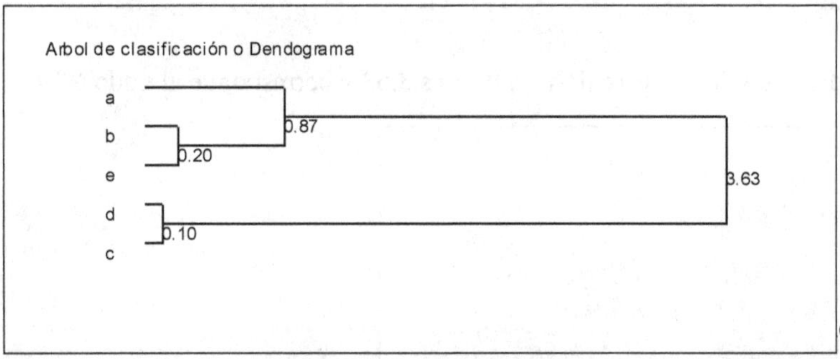

ción.

Si se corta por encima del nodo Nº 8, se obtiene una partición en dos clases: {c,d} y {a,b,e}.

Si se corta por encima del nodo Nº 7, se obtiene una partición en tres clases: {c,d}, {a,b,e} y {a}.

Finalmente, es posible proyectar los centros de gravedad de las clases como elementos suplementarios sobre los planos factoriales.

2.3.5- El Análisis de Clasificación sobre los factores

Como se dijo anteriormente, la tabla de datos para realizar un AC es una matriz **X** de individuos por variables, luego se define a una matriz cuadrada **D** que expresa el grado de similitud entre elementos.

Para pasar a esta segunda matriz, el investigador debe tomar la decisión de qué medida de similitud utilizar. Si las variables son cuantitativas, se utiliza, en general, la distancia euclídea y el Método de Ward como procedimiento de agregación (Lebart y otros, 1995).

En la Lexicometría, las agrupaciones de individuos por formas o textos se realiza a partir de la comparación de sus perfiles de frecuencia; luego, la distancia que se utiliza es una distancia χ^2, tal como se define en el inciso 2.2.

Si se quiere comparar sus coordenadas factoriales para valuar la similaridad entre formas gráficas, la distancia que se utilizaría sería la euclídea canónica.

El AC sobre las coordenadas factoriales permite construir, de forma automática, clases o grupos y es útil para corroborar las agrupaciones conformadas a partir de los planos factoriales y/o para simplificar la interpretación de los análisis factoriales, fundamentalmente cuando en estos se deben seleccionar varios ejes.

Por lo tanto, un AC sobre los factores es equivalente a efectuar una clasificación de n individuos sobre los que se midieron p variables ó p factores surgidos de la aplicación de un análisis factorial.

Los ejes factoriales que son conservados para el AC son aquellos que engendran un subespacio en el cual los individuos a clasificar son estables, esto se realiza observando el porcentaje de inercia explicado por los distintos factores.

En conclusión, cuando *se realiza un AC sobre los factores originados por un análisis factorial*, cualquiera sea la tabla de datos iniciales, ésta se transforma siempre en una matriz de individuos por variables cuantitativas (las coordenadas factoriales); entonces se utiliza la *distancia euclídea para calcular la similitud entre individuos y el Método de Ward como procedimiento de agregación* (esto es lo que hace el programa SPAD, que es el que se utiliza en este trabajo de tesis).

CAPÍTULO III

La Lexicometría en el Análisis de Preguntas Abiertas

3.1- Introducción

En estudios relacionados con la enseñanza de la Matemática, las encuestas con preguntas abiertas o entrevistas semi-estructuradas resultan ser, en la mayoría de los casos, el medio de indagación más adecuado.

La relación que mantienen los docentes o futuros docentes con los contenidos matemáticos es una preocupación generalizada, esto se refleja en numerosas investigaciones y artículos sobre Enseñanza de la Matemática, como trabajos de Leslie Steffe (1990), Brousseau (1995), Chevallard (1985,1989), Schoenfeld (1992), entre otros.

En estas investigaciones que se han ocupado de la relación del docente con el saber, se examinan propuestas de enseñanza, observaciones de clases, entrevistas, encuestas, etc, siendo muy variado el tipo de análisis que se realiza con la información. Brousseau (1993), referente teórico en este tipo de investigaciones, incluye el uso de métodos estadísticos para el análisis de estos datos.

"…Me he esforzado en utilizar los métodos clásicos de las ciencias experimentales y principalmente la observación, la modelización y los métodos estadísticos. Pero en este campo nuevo que es la didáctica, hemos tenido a veces que adaptarlos o apartarnos de las prácticas comunes, como para la observación de la que voy a hablar. Incluso hemos tenidos que concebir nuevos instrumentos como el análisis estadístico de dependencia implicativa, o como la teoría de las situaciones".(Brousseau, G., 2004)

El empleo de la estadística textual o Lexicometría en estas investigaciones puede facilitar el conocimiento de las ideas que poseen los sujetos investigados, ya que dichas ideas se manifiestan en el manejo del vocabulario, concretamente en el uso predominante de ciertas palabras y en las frecuencias de su empleo (Baccalá y de la Cruz, 1995, 2000). Las técnicas del Análisis Multivariado con que se analizan estas frecuencias permiten diferenciar y agrupar a los sujetos, estableciéndose categorías que prescinden, al "menos por un tiempo", de la subjetividad del investigador.

A continuación se describe el contexto donde se utiliza a la Lexicometría como herramienta para el análisis de las respuestas a dos preguntas abiertas, que fueron realizadas a docentes y futuros docentes de Matemática, con respecto a la noción de función.

3.2- Aspectos de la noción de función

El concepto de "función" abarca diferentes aspectos y puede tener distintos funcionamientos de acuerdo, entre otras cosas, al tipo de problema y a los contenidos involucrados. (Detzel, P., 2005)

Dichos aspectos son variabilidad, dependencia, correspondencia y univalencia.

La *dependencia* es un elemento importante en la noción de función. En este sentido, René de Cotret (1985) expresa que la idea de dependencia (íntimamente ligada a la de variación y a la de variable) conlleva la existencia de un vínculo (ligazón) entre cantidades. Un cambio en una de ellas provocará un cambio sobre las otras. En efecto, el modo de percibir que una cosa depende de otra es hacer variar una y constatar cuál es el efecto en la otra. Esto se conoce con el nombre de covariación o aspecto covariante de las funciones.

La *univalencia* aparece como un requisito explícito de la definición moderna de función. Nos referimos a la condición de univalencia cuando en el caso de una función $y = f(x)$ se requiere que a cada valor de x le corresponda un único valor de y.

La noción de *correspondencia* entre los elementos de dos conjuntos es una relación primitiva. Una correspondencia está determinada cuando, para cada elemento de un conjunto, se da un criterio para saber qué elemento le corresponde en el otro conjunto.

Además de estos aspectos que caracterizan la noción de función, ésta se puede concebir de dos formas una como *herramienta* y otra como un *objeto matemático*. (Douady, R., 1986)

La función como un *objeto matemático* es definida como una relación entre conjuntos donde para cada elemento del primer conjunto le corresponde un y sólo un elemento del segundo conjunto. En este caso, vemos que los aspectos de correspondencia y univalencia son considerados en esta definición.

Por otro lado, se piensa a la función como una *herramienta* para resolver problemas (pues permite modelizar situaciones) entonces los aspectos de variabilidad y dependencia toman un lugar privilegiado. En este caso, cuando se requiere la búsqueda de regularidades para establecer una ley de variación, es útil el uso de la función como una herramienta para modelar o describir el comportamiento de distintos aspectos de los fenómenos. Al respecto, Sierpinska (1992) afirma: "La percepción de las funciones como una herramienta apropiada para modelizar relaciones entre magnitudes físicas u otras, es condición *sine qua non* para dar sentido al concepto de función en su totalidad".

El ***objetivo*** del presente estudio es indagar sobre las ideas que asocian al concepto de función tanto docentes como estudiantes a través del vocabulario utilizado en las respuestas a dos preguntas abiertas.

3.3- Recolección y análisis de la información

Se utiliza una encuesta con preguntas abiertas referida al concepto de función, realizada a profesores que asistieron a un "Curso de

Capacitación"[2] y a alumnos de un Seminario Optativo de la carrera del Profesorado en Matemática.

Los profesores encuestados son docentes de Matemática de escuelas públicas del nivel medio de las provincias de Río Negro y Neuquén; y los alumnos son estudiantes de tercero y cuarto años del Profesorado en Matemática de una universidad pública.

Es necesario aclarar que ambos grupos de docentes no constituyen una muestra representativa de ambas provincias. Por ello, de aquí en adelante, nos referimos a ambos grupos de docentes como: PRN, pertenecientes a la región RN, y PNQ, pertenecientes a la región NQ.

La encuesta se realiza en ambos grupos al inicio de las capacitaciones mencionadas, con el objetivo de que las mismas no influyan en las respuestas.

Participan en total 58 personas, 30 son estudiantes y 28 profesores de nivel medio, de los cuales 11 pertenecen a PRN y 17 a PNQ.

Para el análisis se consideran dos preguntas:

1.- *¿Cuáles considera Ud. que serían las nociones o ideas centrales acerca del concepto de función?*

2.- *Escriba qué nociones, ejemplos, contraejemplos, enunciados, etc. Ud. asocia al concepto de función.*

Las respuestas son transcriptas literalmente sobre un soporte magnético. Por lo tanto, el cuerpo textual de este estudio, es decir, el *corpus* está formado por las respuestas a las dos preguntas de los 58 encuestados.

Para el análisis de la información se aplican las técnicas de la estadística textual o Lexicometría y se utiliza el paquete SPAD 5.5 (Lebart et al., 2001).

---

[2] Responsable de la misma Lic. Alicia Fernández de Tassara, Co-directora del Proyecto E053. Secretaria de Investigación UNComahue

Los resultados se presentan siguiendo la secuencia temática desarrollada en los capítulos I y II.

3.4- Resultados del análisis lexicométrico

3.4.1- Caracterización y análisis del Corpus

Se selecciona como unidad léxica la palabra o forma gráfica. El *número total* de formas gráficas o palabras en el *corpus* es de 3368, de las cuales 511(15%) corresponden a los profesores de PRN, 927 (27,5%) a los profesores de PNQ y 1930 (57,5%) los estudiantes.

El *vocabulario* del *corpus* está conformado por 722 formas gráficas distintas, siendo su *riqueza* 21,4%. Del total de las formas gráficas distintas, 391 son *Hapax*, es decir, dichas una sola vez.

El procedimiento del programa SPAD, denominado concordancias (CORDA), permite visualizar las diferentes formas en que se utiliza una misma palabra en el *corpus*, indicando además el número de individuos que la enuncia.

A continuación, se presenta un extracto de la salida del proceso de concordancias de la palabra "funciones". La columna formada por los números identifica a la persona encuestada.

Contextes du mot: funciones

Tareas practicas con graficadotes de	**funciones**	en el ordenador	5
	funciones	trigonométricas funciones polinómicas	9
funciones trigonométricas	**funciones**	polinómicas	9
de Venn pares ordenados gráficos distintos tipos de	**funciones**	intervalos de positividad-negatividad	10

ejemplos proporcionalidad	**funciones**	polinómicas y funciones trigonométricas	10
ejemplos proporcionalidad funciones polinómicas y	**funciones**	trigonométricas	10
decrecientes ejemplos de proporcionalidad directa	**funciones**	polinómicas y funciones trigonométricas	11
de proporcionalidad directa funciones polinómicas y	**funciones**	trigonométricas	11

Mediante las concordancias de las formas gráficas, se definen como *equivalentes* algunas palabras que significan lo mismo, es decir, que son sinónimos en el contexto del *corpus* bajo análisis. Por ejemplo: "conjunto" - "conjuntos"; "inyectividad"- "inyectivas" – "inyectiva". La Tabla 3.1 muestra la totalidad de las palabras que se consideran equivalentes:

cartesianos , cartesiano
concepto, Concepto, conceptos
conjuntos, conjunto
contraejemplo, Contraejemplo, contraejemplos
definición, definiciones
diagramas, diagrama
elementos, elemento
ejemplos, ejemplo, Ejemplos, Ejemplo
formulas, fórmulas, fórmula, formula
gráficos, grafico, gráfico
independiente, Independiente, independientes
inyectividad, inyectivas, inyectiva

nociones, Nociones
relaciones, Relaciones
sobreyectividad, sobreyectivas, sobreyectiva, sobreyctividad
variables, variable

Tabla 3.1: Palabras equivalentes

Del análisis general del *corpus* las formas gráficas más frecuentes son: "de" (274), "y" (96), "función" (96), "que" (93) (tabla 3.2).

La mayoría de las veces que se usa la palabra "de" es calificando sustantivos. Por ejemplo: "...concepto **de** función...", "...acerca **de** noción...", "...interpretación **de** gráficos...", "...resolución **de** situaciones...". También se utiliza para hacer referencia a la definición conjuntista de la función, como ser: "...conjunto **de** llegada...", "...conjunto **de** partida...", "...diagramas **de** Venn..." y cuando mencionan los ejemplos, como ser "...es hijo **de**...", "...área **de** un campo...", "...control **de** temperatura...", etc.

La palabra "y" se utiliza para especificar particularidades de una noción, como ser: "...máximos **y** mínimos...", "...inyectividad **y** sobreyectividad...", "...área **y** perímetro...", "...cóncava **y** convexa...", "...fórmula **y** planteo...", etc.

En cambio, la palabra "que" se menciona la mayoría de las veces cuando se desea expresar una interpretación propia, por ejemplo: "...creo **que** las ideas...", "...considero **que** se debería transmitir...", "...las ideas centrales **que** considero...", "...decimos **que** f es una función...", etc.

En el caso de la palabra "función", como está involucrada en la pregunta es de esperar que se mencione muchas veces, en este sentido, se presenta de la siguiente manera: "…la idea de **función** es …", "…concepto de **función** …", "…definición de **función** …", "…considero que una **función** es…", "…noción de **función** serían…", etc.

En la tabla 3.2 se muestran las 15 palabras que poseen mayor frecuencia.

Lista de palabras	**Frecuencias**
de	274
y	96
función	96
que	93
relación	74
una	67
la	60
el	51
un	51
a	50
es	48
en	48
conjunto	46
dominio	40
con	38
del	38
gráficos	37
imagen	35

entre	35
funciones	34
elemento	34

Tabla 3.2: Formas gráficas ordenadas por frecuencias

El programa SPAD presenta, además, las formas gráficas distintas ordenadas alfabéticamente y acompañadas por la longitud de la palabra (tabla 3.3).

Palabras	Frecuencias	Longitud
concava	1	7
concavas	1	8
concavidad	3	10
concepto	30	8
conceptos	3	9
concretas	1	9
concretos	2	9
condiciones	2	11
conjunto	46	8
conjuntos	30	9
considero	5	9
constantes	1	10
construcción	2	12
contenidos	2	10
continua	1	8
continuas	1	9
continuidad	4	11
contradominio	2	13

contraejemplo	11	13
contraejemplos	2	14

Tabla 3.3: Formas gráficas ordenadas alfabéticamente

3.4.1.1- Umbrales

Teniendo en cuenta el objetivo propuesto para esta investigación, se decide eliminar las formas gráficas conectoras (de, y, que, etc.) y los artículos (una, un, la, el), y se selecciona para el estudio las formas gráficas que por si solas poseen significado, como ser sustantivos, verbos, adverbios y adjetivos.

Posteriormente, se seleccionan los *umbrales.* Esta selección se realiza variando frecuencia y longitud.

Cuando la frecuencia a considerar es muy baja, quedan para el estudio una cantidad excesiva de formas gráficas, las cuales dificultan el análisis y no aportan significado en las conclusiones. En cambio, cuando la frecuencia seleccionada es muy alta, se preservan muy pocas palabras, que, por el contrario, no permiten dar suficiente información.

Por lo tanto, luego de variar la frecuencia y longitud para obtener un equilibrio en la selección, se establece un *umbral de frecuencia* con las formas gráficas que aparecen como mínimo 10 veces y que presentan una *longitud* de 5 o más caracteres o letras.

De esta manera, quedan para el análisis 35 formas gráficas distintas (Tabla 3.4).

cartesianos	gráficos
centrales	ideas
concepto	imagen

conjuntos	independiente
contraejemplo	interpretación
corresponde	inyectividad
correspondencia	lectura
definición	llegada
dependiente	nociones
diagramas	partida
dominio	problemas
ejemplos	proporcionalidad
elementos	relaciones
entre	relación
funciones	situaciones
función	sobreyectividad
fórmulas	variables
	único

Tabla 3.4: Formas gráficas distintas resultantes de la aplicación del umbral

3.4.2- Análisis de las tablas lexicométricas

3.4.2.1- Tabla léxica

Para detectar estructuras entre las características de los individuos encuestados y sus respuestas a las preguntas formuladas, se construye la *tabla léxica*. Esta tabla es una matriz que tiene por filas las 35 formas gráficas distintas y por columnas los 58 individuos encuestados.

La inercia total de la tabla es 2.338. Dicha inercia es explicada por varios factores, debido a que se consideran todos los encuestados en un conjunto; por lo tanto, en el análisis del primer plano se observan los individuos que utilizan un léxico similar y con mucha frecuencia.

No obstante, esta primera aproximación es útil como análisis exploratorio para observar si existen tendencias diferenciadas entre individuos.

En el análisis de la tabla léxica se proyectan, como suplementarios, los textos de PRN, PNQ y EST a fin de detectar si las relaciones entre ellos y su lenguaje son significativas y reagrupar a las 58 respuestas en *textos*, definidos por estas modalidades, para su análisis en la Tabla Léxica Agregada. La tabla 3.5 muestra que todas las modalidades son significativas ($|valor\ test| \geq 2$) (Cáp. II, inciso 2.2.3) en el primer plano factorial.

Modalidades		**P. Abs**	**Distancia al origen**	**Valores Test**				
				1	2	3	4	5
PRN	11	176,00	5,47825	**3,10**	1,11	1,52	0,14	2,21
PNQ	17	261,00	3,12800	1,67	**2,37**	1,80	0,28	2,38
EST	30	464,00	1,86356	**4,02**	3,04	0,40	0,37	0,35

Tabla 3.5: Textos y sus valores test en los cinco primeros ejes factoriales, resultantes del análisis de la Tabla Léxica

La figura 3.1 muestra el primer plano factorial del análisis Factorial de Correspondencias Simples aplicado a la tabla léxica.

En el mismo se pueden observar las nociones que poseen los encuestados acerca del concepto de función, diferenciándose los siguientes grupos:

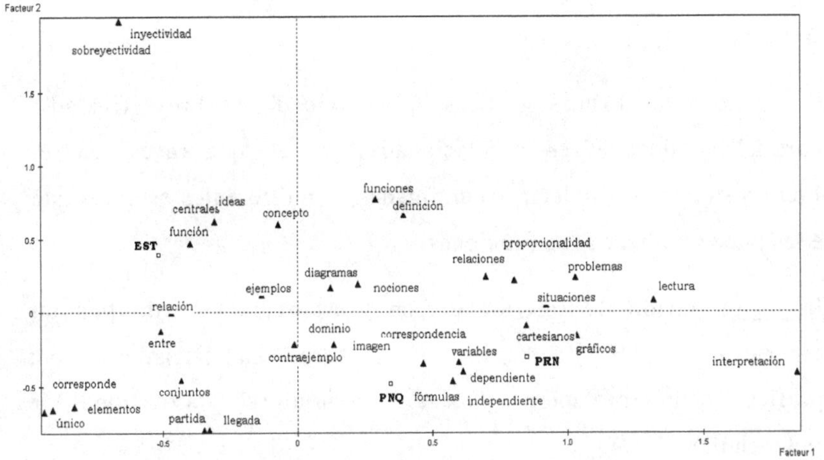

Figura 3.1: Primer plano factorial resultante del análisis de la tabla léxica.

<u>Grupo 1</u>: (cuadrante superior izquierdo) caracterizado por las respuestas de los estudiantes. Las palabras características son "inyectividad", "sobreyectividad", "ideas", "centrales", "entre", "corresponde", "elementos", "relación", "función", "único", "conjuntos", "partida" y "llegada".

Varias de las palabras mencionadas por este grupo forman parte de la definición clásica de función:

> "Sean A y B dos *conjuntos* cualesquiera. Una *función* de A en B es una *relación* que a cada *elemento* de A le asigna o *corresponde* un *único elemento* de B".

La palabra "entre" está implícita en esta definición, pues se puede pensar la función como una relación entre conjuntos, donde a cada elemento de un conjunto le corresponde un único elemento del otro conjunto.

Las palabras "ideas" y "centrales" están asociadas a la pregunta realizada.

En cuanto a las formas gráficas "inyectividad", "sobreyectividad", "partida" y "llegada" están relacionadas con el "qué hacer" con el objeto matemático, es decir, están ligadas con diferentes estudios que se les puede realizar a las funciones.

Grupo 2: (cuadrante inferior derecho) está caracterizado por las respuestas de los docentes. Las palabras características son: "gráficos", "interpretación", "lectura", "variables", "situaciones" e "independiente".

En este grupo lo que prevalece es "interpretación", "lectura" de "gráficos" y "situaciones", esto se puede asociar relaciones funcionales entre magnitudes, es decir, con las funciones en contextos.

A diferencia del grupo anterior, acá aparece la palabra "variable" que es una opción al vocablo "elemento" en la definición de función, es decir, se considera una "correspondencia entre variables" en vez de una "correspondencia entre elementos".

Además, "variables" e "independiente" son nociones que permiten ver a la función como una dependencia entre variables, una de las cuales de ellas es dependiente y la otra independiente. Estas nociones destacan los aspectos de variabilidad y dependencia, que son propicios para la modelización de situaciones problemáticas.

Este análisis del primer plano factorial y los valores test son una primera indagación que justifica un tratamiento diferenciado entre estudiantes y docentes.

3.4.2.2- Tabla léxica agregada

La tabla léxica agregada se construyó con las 35 formas gráficas y los textos constituidos por las tres modalidades de la variable característica: PRN, PNQ y EST (Tabla 3.6), por lo tanto, esta tabla permite la comparación de los perfiles léxicos de los profesores de las dos regiones y los estudiantes.

Palabras	**Textos**		
	PRN	**PNQ**	**EST**
cartesianos	4	8	7
centrales	0	2	8
concepto	7	6	**22**
conjuntos	13	22	41
contraejemplo	6	3	5
corresponde	1	2	7
correspondencia	1	9	0
definición	2	5	11
dependiente	5	6	4
diagramas	3	2	5
dominio	9	12	19
ejemplos	8	13	27
elementos	5	13	34
entre	3	11	21
funciones	9	3	22
función	7	18	71
fórmulas	0	13	2
gráficos	18	20	10

ideas	1	1	8
imagen	7	11	17
independiente	6	8	4
interpretación	9	2	0
inyectividad	0	0	10
lectura	5	4	1
llegada	4	3	6
nociones	3	3	6
partida	4	5	6
problemas	4	3	6
proporcionalidad	7	1	4
relaciones	1	8	7
relación	10	22	42
situaciones	5	4	2
sobreyectividad	0	0	10
variables	8	15	8
único	1	3	11

Tabla 3.6: Tabla léxica agregada

La Tabla léxica agregada es una tabla de contingencia, es decir, cada una de las celdas representa la cantidad de veces que los integrantes de una modalidad o texto dicen determinada palabra. Por ejemplo, la palabra *concepto* es dicha 22 veces por los estudiantes.

La inercia total de la tabla es 0.2466. Dado que la variable presenta tres modalidades, la inercia total se descompone en dos factores, que son los seleccionados para el análisis (Tabla 3.7).

Factores	Valores propios	Porcentaje de inercia	Porcentaje de inercia acumulada
1	0,1653	67,06	67,06
2	0,0812	32,94	100,00

Tabla 3.7: Valores Propios y porcentajes de inercia explicada por cada uno de los factores

En primer lugar, se analiza la calidad de representación de todos los elementos (filas y columnas) proyectados en el primer plano factorial y, obviamente, en esta tabla léxica todos los elementos están totalmente representados por los dos primeros ejes.

Se seleccionan como contributivas las modalidades (filas o columnas) con contribuciones superiores a la contribución promedio. Dicha contribución es para las palabras de 2.86 (100/35) y para las modalidades de la variable Característica 3.33 (100/3)(Tablas 3.8 y 3.9).

			CONTRIBUCIONES	
PALABRAS	Peso Relativo	Distancia	Eje 1	Eje 2
cartesianos	2.11	0.10	0.9	0.9
centrales	1.11	0.38	2.5	0.2
concepto	3.88	0.07	0.9	1.8
conjuntos	8.44	0.00	0.2	0.1
contraejemplo	1.55	0.35	1.6	**3.4**
corresponde	1.11	0.14	0.9	0.0
correspondencia	1.85	1.85	**4.6**	**15.9**
definición	2.00	0.05	0.6	0.2
dependiente	1.66	0.26	2.6	0.0
diagramas	1.11	0.08	0.1	1.0

dominio	4.44	0.01	0.2	0.0
ejemplos	5.33	0.01	0.3	0.0
elementos	5.77	0.09	**3.1**	0.3
entre	3.88	0.08	1.1	1.6
funciones	3.77	0.20	0.8	**7.6**
función	10.65	0.21	**13.6**	0.0
fórmulas	1.66	1.63	**2.9**	**27.5**
gráficos	5.33	0.40	**13.0**	0.1
ideas	1.11	0.33	2.0	0.4
imagen	3.88	0.00	0.1	0.1
independiente	2.00	0.35	**4.1**	0.1
interpretación	1.22	2.54	**11.7**	**14.3**
inyectividad	1.11	0.94	**6.1**	0.6
lectura	1.11	0.85	**5.4**	0.7
llegada	1.44	0.08	0.2	1.0
nociones	1.33	0.02	0.0	0.3
partida	1.66	0.06	0.6	0.0
problemas	1.44	0.08	0.2	1.0
proporcionalidad	1.33	0.98	2.4	**11.2**
relaciones	1.78	0.25	0.0	**5.5**
relación	8.21	0.02	0.8	0.8
situaciones	1.22	0.58	**3.9**	0.7
sobreyectividad	1.11	0.94	**6.1**	0.6
variables	3.44	0.28	**4.8**	2.1
único	1.66	0.21	2.1	0.0

Tabla 3.8: Contribuciones de las Modalidades de la Variable Palabras en los dos primeros factores

			CONTRIBUCIONES	
CARACTERISTÏCA	Peso Relativo	Distancia	Eje 1	Eje 2
PRN	19.53	0.49	**36.6**	**43.8**
PNQ	28.97	0.25	16.9	**54.1**
EST	51.50	0.15	**46.4**	2.1

Tabla 3.9: Contribuciones de las Modalidades de la Variable Característica en los dos primeros ejes

Se resalta en negrita las modalidades contributivas.

La figura 3.2 muestra el primer plano factorial resultante del análisis factorial de correspondencia aplicado a la tabla léxica agregada.

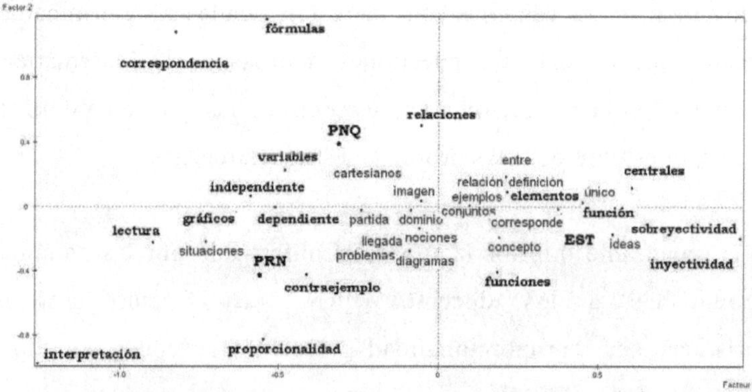

Figura 3.2: Primer Plano Factorial resultante el análisis de la Tabla Léxica Agregada

Se muestra con negrita las modalidades contributivas.

De la observación del primer plano factorial (figura 3.2) se desprende que el primer eje separa el léxico de los profesores del de los estudiantes, mientras que el segundo eje diferencia el léxico de los profesores por región, por lo tanto, es posible diferenciar tres grupos lexicales:

Grupo 1: (cuadrante inferior derecho) asociado al léxico de los estudiantes caracterizado por las siguientes palabras: "sobreyectividad", "inyectividad", "centrales", "función", "funciones" y "elementos".

Las palabra "centrales", "función" y "funciones" aparecen por una cuestión de forma. No aportan mayor información pues están involucradas en las preguntas y se las utiliza para constituir la respuesta.

La forma gráfica "elementos" sigue siendo una de las características y como se dijo anteriormente, está muy ligada a la definición de función.

Por otro lado, las palabras "sobreyectividad" e "inyectividad" aparecen por primera vez. Las mismas están ligadas a determinadas propiedades que incumben a cuestiones internas de la Matemática. Generalmente, en la resolución de situaciones en las que se modelizan fenómenos, el estudio de estas propiedades no aparece.

Grupo 2: (cuadrante inferior izquierdo) Conformado por las palabras correspondientes a los docentes PRN. Las formas gráficas características son "proporcionalidad", "lectura", "contraejemplo", "interpretación", "gráficos".

En este grupo de docentes, si bien aparece la palabra "contraejemplo" que está asociada con la exposición de relaciones que no cumplen con la unicidad, es decir, que ponen en evidencia la condición de univalencia de las funciones, prevalecen en sus discursos las palabras "interpretación", "lectura" y "gráficos".

Estas palabras están vinculadas, por lo general, a actividades que describen situaciones donde lo que prevalece son relaciones entre magnitudes.

Además, la palabra "proporcionalidad" involucra cambios, variaciones, relación entre magnitudes que son favorables para la modelización de situaciones problemáticas, y permite mostrar el aspecto covariante de las funciones pues pone en evidencia cómo un cambio en una variable repercute en la otra, es decir, si una de las variables varía en una unidad, la otra variación es una constante aditiva.

Grupo 3: (cuadrante superior izquierdo) Describe el léxico utilizado por los docentes PNQ y está caracterizado por "fórmulas", "correspondencia", "variables", "relaciones", "independiente".

Este grupo mantiene en sus discursos las palabras "independiente" y "variables", que como se dijo anteriormente, son nociones que permiten ver a la función como una dependencia entre variables, una de las cuales de ellas es dependiente y la otra independiente.

Aparecen por primera vez las formas gráficas "fórmulas", "correspondencia" y "relaciones".

Las palabras "correspondencia" y "relaciones", como se dijo anteriormente, forman parte de la definición clásica de función (cf. p. 104).

El vocablo "fórmulas" es una representación de las funciones.

A partir de estos grupos es posible observar que existe una clara especificidad léxica entre estudiantes y docentes.

Mediante el Análisis de Clasificación (AC), se construye grupos o tipologías del conjunto general, a fin de corroborar los grupos conformados por el Análisis Factorial de Correspondencias.

En el AC, las coordenadas de las palabras o formas gráficas en los dos ejes factoriales son las variables y se considera como criterio de agregación el Método de Ward.

El esquema siguiente muestra el histograma de los índices de nivel. Dicho histograma permite seleccionar el número de clases o particiones.

```
CLASSIFICATION HIERARCHIQUE (VOISINS RECIPROQUES)
SUR LES     2 PREMIERS AXES FACTORIELS
DESCRIPTION DES NOEUDS
 NUM. AINE  BENJ   EFF.     POIDS     INDICE   HISTOGRAMME DES INDICES DE NIVEAU
  36    28    25      2     26.00    0.00000   *
  37    23    33      2     20.00    0.00000   *
  38    16    35      2    111.00    0.00001   *
  39    36    10      3     36.00    0.00005   *
  40    38     6      3    121.00    0.00007   *
  41     4    12      2    124.00    0.00008   *
  42    20    11      2     75.00    0.00009   *
  43     9    21      2     33.00    0.00010   *
  44     8    14      2     53.00    0.00011   *
  45    24    32      2     21.00    0.00016   *
  46    39    26      4     48.00    0.00020   *
  47    18    43      3     81.00    0.00025   *
  48    40     2      4    131.00    0.00038   *
  49    31    44      3    127.00    0.00038   *
  50    42    27      3     90.00    0.00041   *
  51    48    19      5    141.00    0.00042   *
  52    17     7      2     25.00    0.00060   *
  53    34     1      2     50.00    0.00064   *
  54    13    49      4    179.00    0.00085   *
  55    15     3      2     69.00    0.00088   *
  56    29     5      2     26.00    0.00131   *
  57    45    47      5    102.00    0.00165   **
  58    46    50      7    138.00    0.00167   **
  59    54    41      6    303.00    0.00186   **
  60    30    53      3     66.00    0.00274   ***
  61    51    37      7    161.00    0.00524   ****
  62    22    56      3     37.00    0.00647   *****
  63    55    58      9    207.00    0.00689   ******
  64    57    60      8    168.00    0.00974   ********
  65    59    63     15    510.00    0.00994   ********
  66    62    64     11    205.00    0.02263   ************|****
  67    61    65     22    671.00    0.02670   ************|*******
  68    52    66     13    230.00    0.03538   ************|**********|****
  69    67    68     35    901.00    0.10869   ************|**********|**************************************************
SOMME DES INDICES DE NIVEAU =    0.24656
```

Se puede observar que la suma de los índices **0.24656** es igual a la suma de los valores propios del Análisis de Correspondencias Simples, ya que ambas sumas son iguales a la inercia total. Por lo tanto, ambos análisis descomponen de dos maneras distintas la misma cantidad o Inercia total de la tabla ($IT = \varphi^2 = \chi^2/n$), que mide el desvío entre la situación observada y la esperada bajo la hipótesis de independencia, entre filas y columnas de una tabla de contingencia.

A partir de lo observado en el histograma de los índices y del Dendograma resultante del AC (figura 3.3), es posible particionar el conjunto en 2 o 5 clases.

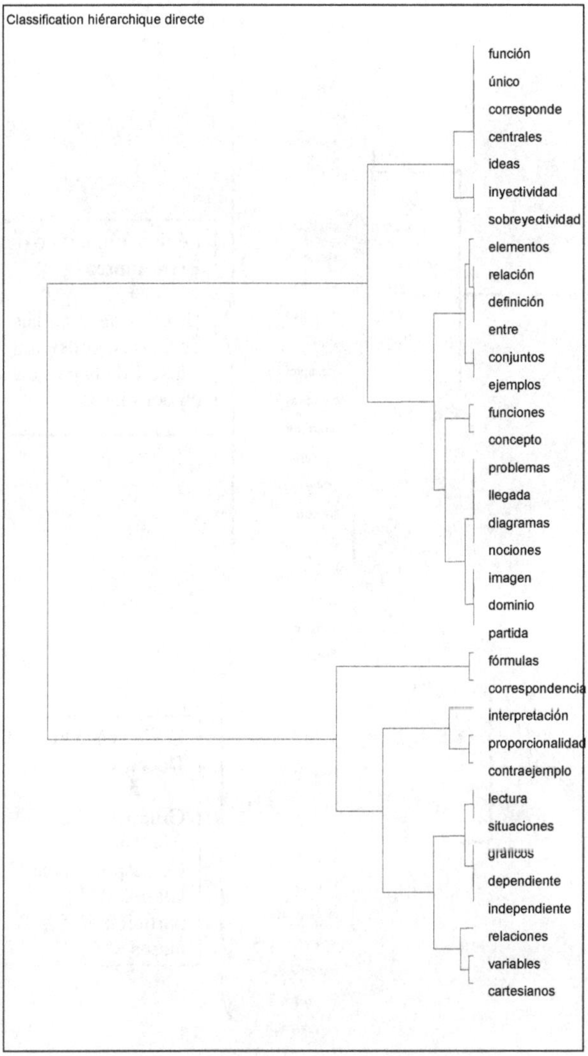

Figura 3.3: Dendograma resultante del AC

En la figura 3.4 se muestra la partición en 2 clases, donde se evidencia la diferencia léxica entre docentes y estudiantes.

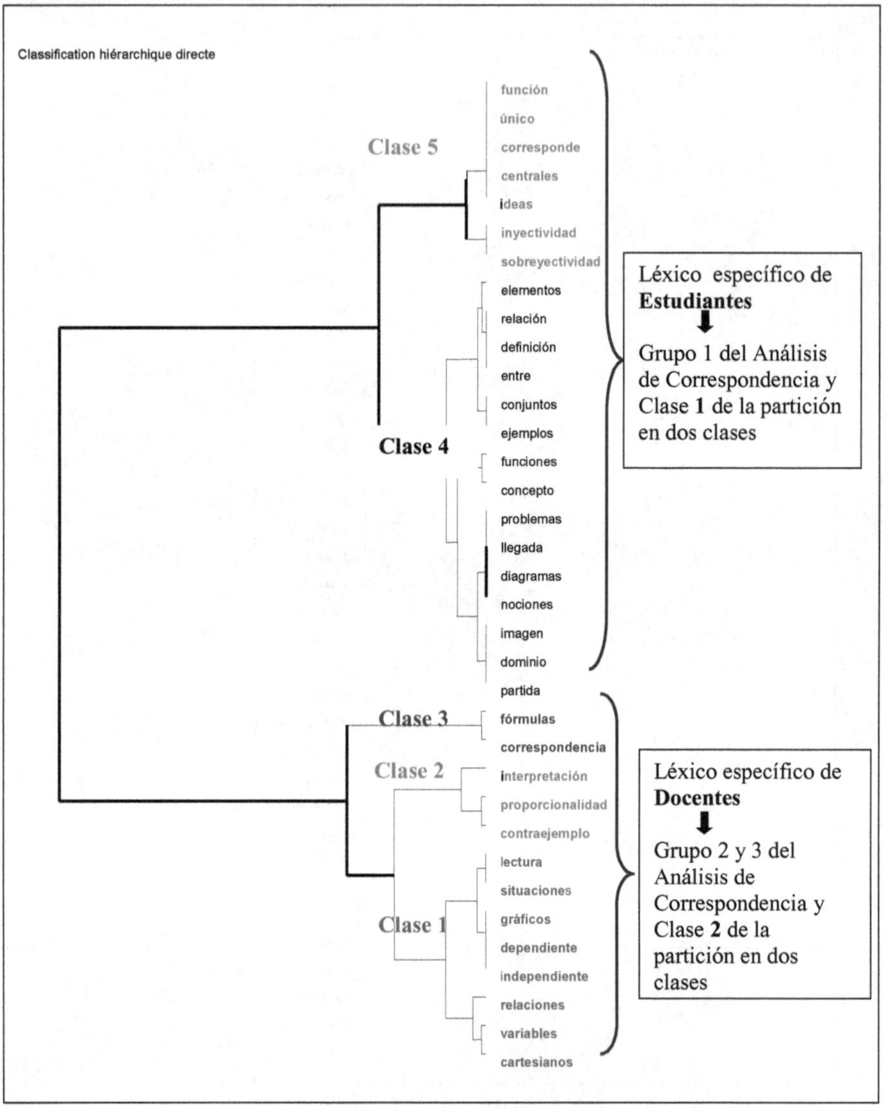

Figura 3.4: Dendograma resultante de la partición en 2 y en 5 clases

Comparando el plano factorial con el dendograma (figura 3.4), se observa que la partición en dos clases coincide con la principal oposición sobre el primer factor.

Sin embargo, existen algunas diferencias en esta comparación, por ejemplo: las palabras: "partida", "llegada", "problemas", "dominio", "imagen", "diagramas", "nociones", *etc.*, que en el plano factorial están en torno al origen, el AC las ubica en la clase caracterizada por los estudiantes, aunque debe observarse (figura 3.5) que éstas forman una subclase dentro de la clase de los estudiantes.

Por lo expuesto anteriormente, y si se tiene en cuenta que la partición en dos clases manifiesta las diferencias más obvias, se decide considerar y caracterizar la partición en 5 clases.

- *Caracterización de la partición en 5 clases –*

Las Tablas 3.10 y 3.11 muestran la composición de cada una de las clases, de acuerdo a las formas gráficas y las modalidades que caracterizan cada partición.

CLASE 1 / 5 Cartesianos, dependiente, gráficos, independiente, lectura, partida, situaciones, variables
CLASE 2 / 5 Contraejemplo, interpretación, proporcionalidad
CLASE 3 / 5 Correspondencia, fórmulas
CLASE 4 / 5 Concepto, conjuntos, definición, diagramas, dominio, ejemplos, elementos, entre, funciones, imagen, llegada, nociones, problemas, relación, relaciones
CLASE 5 / 5 Centrales, corresponde, función, ideas, inyectividad, sobreyectividad, único

Tabla 3.10: Formas gráficas correspondientes a cada clase

V. TEST	PROB.	PORCENTAJES			FRECUENCIAS CARACTERISTICAS	PESO
		CLA/FRE	FRE/CLA	GLOBAL		
				18.53	**CLASE 1 / 5**	167
4.52	0.0000	31.25	32.93	19.53	PRN	176
3.90	0.0000	26.82	41.92	28.97	PNQ	261
-7.58	0.0000	9.05	25.15	51.50	EST	469
				4.11	**CLASE 2 / 5**	37
5.33	0.0000	12.50	49.46	19.53	PRN	176
-3.26	0.0006	1.94	24.32	51.50	EST	464
				2.77	**CLASE 3 / 5**	25
6.05	0.0000	8.43	88.00	28.97	PNQ	261
-4.47	0.0000	0.43	8.00	51.50	EST	464
				56.71	**CLASE 4 / 5**	511
3.01	0.0013	61.64	55.97	51.50	EST	464
				17.87	**CLASE 5 / 5**	161
7.42	0.0000	26.94	77.64	51.50	EST	464
-4.03	0.0000	9.96	16.15	28.97	PNQ	261
-5.05	0.0000	5.68	6.21	19.53	PRN	176

Tabla 3.11: Caracterización de las clases por los textos

En la Tabla 3.11 se muestran los valores test (o estadístico de prueba) y sus correspondientes p-valores (PROB), a fin de evaluar la significancia entre el porcentaje interno o porcentaje dentro de la clase y el porcentaje global, de la correspondiente modalidad o texto. Cuando el porcentaje interno de un texto difiere significativamente del porcentaje global, entonces se considera que ese texto caracteriza la clase.

Las clases 1/5 y 5/5 se oponen, es decir, la primera es el léxico específico de los docentes, es lo que dicen muy poco o no dicen los estudiantes (valor test significativo y negativo) y en oposición la clase 5/5 es el léxico específico de los estudiantes y lo que dicen poco o no dicen los docentes (valor test significativo y negativo). Las clases 2/5 y 3/5 diferencian a los docentes de PRN y PNQ, respectivamente. Finalmente, la clase 4/5, si bien está caracterizada por los estudiantes, estaría representada por las formas gráficas de los estudiantes que también es utilizado, aunque con menor frecuencia, por los docentes, es decir, esta clase representaría al léxico de los estudiantes que más se aproxima al de los docentes, más específicamente a los docentes de PNQ.

En la figura 3.6 se observan los centros de gravedad de las clases proyectados como elementos suplementarios sobre el primer plano factorial.

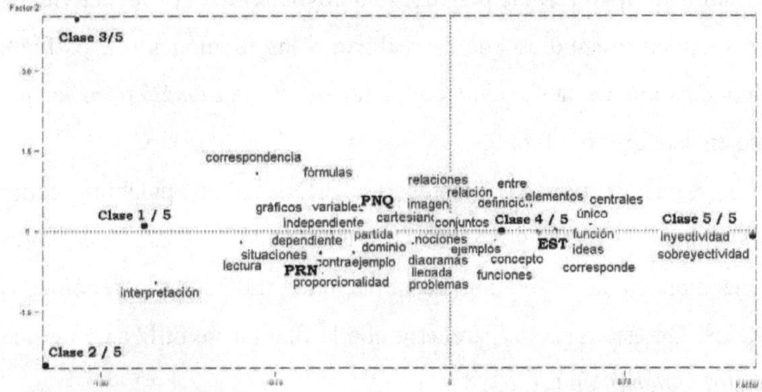

Figura 3.5: Proyección de los centros de gravedad de las clases en el primer plano factorial

3.5- Conclusiones

El análisis de las características del léxico permite aproximar una respuesta a las ideas que asocian al concepto de función tanto docentes como estudiantes.

Los resultados que emergen de los análisis muestran que los tres grupos (PNQ, PRN y EST) tienen un vocabulario específico ya que es posible distinguir términos que son propios de cada uno.

La noción de función se puede concebir de dos formas: una como *herramienta matemática*, donde los aspectos que están en juego son "variabilidad y dependencia", y otra como un *objeto matemático*, donde los aspectos que se destacan son "correspondencia" y "univalencia".

A partir del estudio realizado, se puede ver que el grupo conformado por los estudiantes utiliza, en su mayoría, palabras que están en la definición clásica de función (cf. pp. 104, 117). En esta definición, la función es una relación entre conjuntos donde para cada elemento del primer conjunto le corresponde un y sólo un elemento del segundo conjunto y donde los aspectos de correspondencia y univalencia son considerados.

Además, también aparecen las palabras "sobreyectividad" e "inyectividad" que corresponden a estudios que se realizan a las funciones (cf. p. 111). Así, la concepción de la función como un *objeto matemático* es la que prevalece en este grupo (cf. p. 93).

El léxico expuesto por los profesores PRN utiliza palabras como "interpretación", "lectura" y "gráficos", que se pueden asociar a acciones que se ejecutan en la resolución de situaciones inherentes a fenómenos modelizados. De esta manera, parecería que la función se utiliza como una *herramienta matemática* (cf. p. 94).

Por otro lado, en el grupo de profesores PQN, si bien aparecen palabras como "variables" e "independiente" que podrían asociarse a los aspectos de variabilidad y dependencia, se observan otras como "correspondencia", "relaciones" y "elementos" que son constitutivas de definiciones de función (cf. pp. 104, 112).

En este sentido, las palabras utilizadas por estos grupos parecerían indicar que los estudiantes poseen una concepción de función como un *objeto matemático,* donde lo que interesa es la correspondencia arbitraria y la univalencia. En cambio, la idea de función a la que hacen referencia los profesores PRN está más vinculada a la función como *herramienta matemática*, pues el léxico utilizado da idea del rol dinámico de las variables y la dependencia entre ellas. Por otro lado, el grupo de profesores PQN comparten ambas concepciones.

Podemos concluir, entonces, que es posible distinguir un vocabulario específico entre profesores y estudiantes, pero también es aceptable diferenciar un vocabulario determinado en cada grupo de docentes.

CAPÍTULO IV

Análisis Factorial Múltiple Intra-Tablas

4.1- Introducción

Los análisis realizados en el capítulo anterior permiten diferenciar el léxico de los tres grupos encuestados: estudiantes, profesores PRN y profesores PQN. Se plantea ahora evaluar si esta diferencia lexical se corresponde con los aspectos que caracterizan la noción de función como *herramienta* o como un *objeto matemático,* descriptos en el marco teórico.

La herramienta estadística que se utiliza para este análisis es el Análisis Factorial Múltiple Intra-Tablas (AFMIT) (Bécue y Pagés, 1999, 2000).

En el presente capítulo, se realiza una presentación teórica de la metodología de análisis (AFMIT) y se muestran las propiedades de la misma mediante su aplicación a los datos de la encuesta referida al concepto de función, desarrollada en el capítulo anterior.

4.2- Análisis Factorial Múltiple Intra-Tablas (AFMIT)

El AFMIT utiliza como soporte metodológico el Análisis Factorial Múltiple (AFM), por lo que se hará, en primer lugar, una breve introducción del AFM.

4.2.1- Análisis Factorial Múltiple (AFM)

El Análisis Factorial Múltiple (AFM) es un método (Escofier y Pagès, 1984; 1990) adaptado al tratamiento de datos donde un mismo conjunto de individuos (filas) se describe a través de varios grupos de variables.

Cada *tabla* o *grupo* está referida a un mismo tema, a una misma fecha o a una misma situación experimental.

Por lo tanto, la *información de partida* estará constituida por las T tablas de n filas (los individuos) y p_t (t = 1,...,T) columnas (las variables)(figura 4.1).

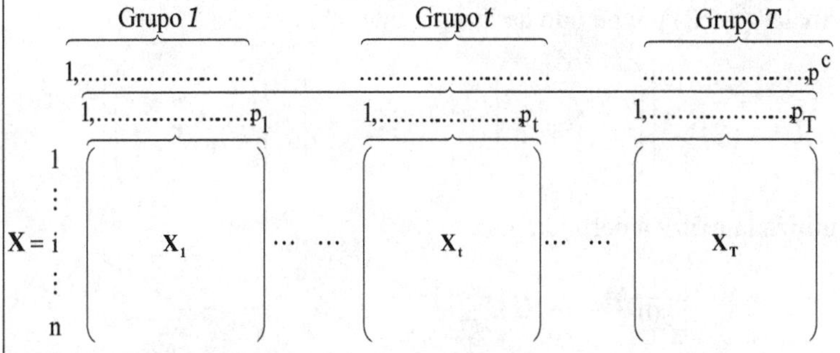

n: conjunto de individuos.

p^c: conjunto de variables o el número total de variables

T: número total de tablas o el número de "grupos" de variables.

p_t: conjunto de variables de la t-ésima tabla o el t-ésimo grupo de variables,

es decir: $\sum_{t=1}^{T} p_t = p^c$.

n, p^c, T y p_t representan conjuntos y son cardinales.

Figura 4.1: Información de partida en el Método AFM

Luego, el objetivo del AFM es encontrar una estructura común o representativa de todas las tablas o grupos.

El análisis se desarrolla, en forma general, en dos etapas:

Primera etapa: se realizan **Análisis Individuales** de cada grupo de variables y se obtiene el mayor valor propio, que servirá como ponderación para la segunda etapa.

El AFM utiliza como ponderación la inversa del primer valor propio de cada grupo, es decir $1/\lambda^t{}_1$ para t=1,...,T

Segunda Etapa: **Análisis Global.** Se realiza un Análisis de Componentes Principales (ACP) ponderado de la siguiente tabla:

$$\mathbf{X} = \left[\begin{pmatrix} \\ \mathbf{X_1} \\ \\ \end{pmatrix} \begin{pmatrix} \\ \mathbf{X_2} \\ \\ \end{pmatrix} \cdots \begin{pmatrix} \\ \mathbf{X_T} \\ \\ \end{pmatrix} \right]$$

y se utiliza la métrica definida por:

$$\mathbf{M} = \begin{bmatrix} \frac{1}{\lambda_1^{(1)}}\mathbf{M}_1 & \cdots & \cdots & \cdots & 0 \\ \vdots & \ddots & & & \vdots \\ \vdots & & \frac{1}{\lambda_1^{(t)}}\mathbf{M}_t & & \vdots \\ \vdots & & & \ddots & \vdots \\ 0 & \cdots & \cdots & \cdots & \frac{1}{\lambda_1^{(T)}}\mathbf{M}_T \end{bmatrix}$$

Siendo:

$$\mathbf{M}_t = \begin{pmatrix} m_1^{(t)} & \cdots & 0 \\ \vdots & \ddots & \vdots \\ 0 & \cdots & m_{p_t}^{(t)} \end{pmatrix}$$

$$\mathbf{N} = \begin{pmatrix} \frac{1}{n} & \cdots & \cdots & \cdots & 0 \\ \vdots & \ddots & & & \vdots \\ \vdots & & \ddots & & \vdots \\ \vdots & & & \ddots & \vdots \\ 0 & \cdots & \cdots & \cdots & \frac{1}{n} \end{pmatrix} = \frac{1}{n}\mathbf{I}_{nxn}$$

O lo que es equivalente, realizar un ACP de la tabla yuxtapuesta **X**:

$$\mathbf{X} = \left[\left(\frac{\mathbf{X_1}}{\sqrt{\lambda_1^{(1)}}} \right) \cdots \left(\frac{\mathbf{X_t}}{\sqrt{\lambda_1^{(t)}}} \right) \cdots \left(\frac{\mathbf{X_T}}{\sqrt{\lambda_1^{(T)}}} \right) \right]$$

utilizando la métrica:

$$\mathbf{M} = \begin{bmatrix} \mathbf{M_1} & \cdots & \mathbf{0} \\ \vdots & \ddots & \vdots \\ \mathbf{0} & \cdots & \mathbf{M_T} \end{bmatrix}$$

El ACP de la tabla **X** permite representar la Estructura Compromiso o Estructura Representativa de las T tablas, en un espacio de dimensión menor, su interpretación es igual a la de un ACP. Se definen medidas para evaluar la calidad de representación de los distintos elementos proyectados en la estructura compromiso.

4.2.2- Análisis Factorial Múltiple Intra-Tablas (AFMIT)

4.2.2.1- Introducción

En la Lexicometría se trabaja con tablas de contingencia que pueden ser individuos por formas gráficas o textos por formas gráficas, tal como se explicita en el capítulo I.

En encuestas con preguntas abiertas, las palabras que los individuos encuestados dicen con respecto a un determinado tema pueden reflejar las ideas o concepciones, en ellos subyacentes.

Esto lleva a construir varias tablas de contingencia para cada una de las ideas o concepciones. El análisis de esta información se puede hacer de dos formas:

- Se analiza cada tabla por separado, mediante un análisis factorial de correspondencias simples y se comparan las estructuras inducidas por cada una de ellas. Esto es un trabajo arduo y la síntesis de los resultados es compleja. (Bécue y otros, 2003)

- Se analizan las tablas conjuntamente utilizando técnicas factoriales para datos de conjuntos múltiples, adaptadas a la integración de varias tablas de contingencia.

Este último tipo de análisis permite ver no sólo la variabilidad del léxico dentro de una misma tabla, sino también la variabilidad inter-tabla.

El análisis factorial múltiple Intra-Tablas (Bécue y Pagès, 1999, 2000) facilita la comparación de varias tablas de contingencia, a partir de la construcción de una estructura común o representativa de todas las tablas.

4.2.2.2- Información de partida en AFMIT

La información de partida es similar a la que se muestra en la figura 4.1, pero cada una de las T tablas es una tabla de contingencia.

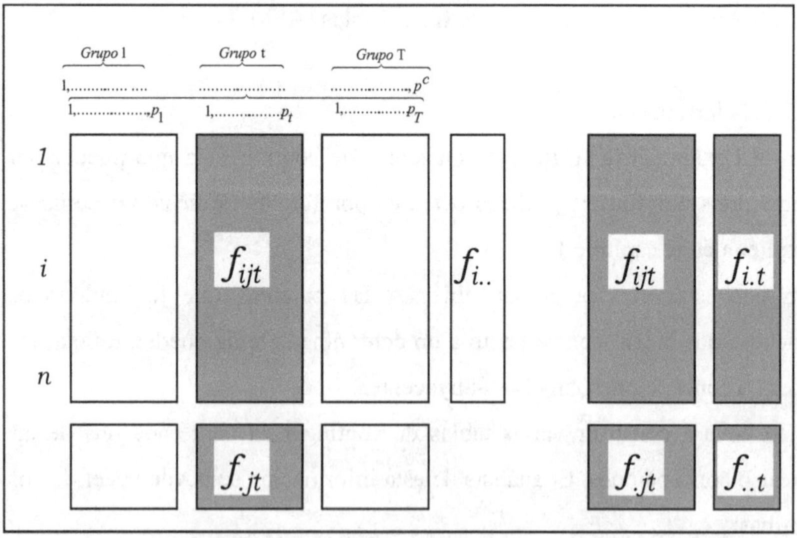

Figura 4.2: Tabla Global y t-ésima Tabla Individual del AFMIT

Notación:

f_{ijt} : Frecuencia relativa asociada a la fila i columna j de la tabla t. Un índice sustituido por un punto indica la suma sobre ese índice.

$f_{i.t}$: Frecuencia marginal filas de la tabla t; $f_{i.t} = \sum_{j=1}^{p_t} f_{ijt}$

$f_{.jt}$: Frecuencia marginal columna; $f_{.jt} = \sum_{i=1}^{n} f_{ij}$

$f_{i..}$: Frecuencia marginal fila de las t tablas, $f_{i..} = \sum_{j=1}^{p_c} \sum_{t=1}^{T} f_{ijt}$

$f_{..t}$: Frecuencia marginal columna de las t tablas, $f_{..t} = \sum_{i=1}^{n} \sum_{t=1}^{T} f_{ijt}$

El AFMIT se desarrolla en dos etapas, a saber: análisis individuales y análisis global.

4.2.2.3 Análisis individuales

El objetivo de esta etapa es obtener la ponderación que se utilizará en el análisis global. Esta ponderación constituye una característica importante del AFMIT ya que equilibra la influencia que cada uno de los grupos puede ejercer en el análisis global, evitando la posibilidad de que algún grupo tenga un peso preponderante en la segunda etapa.

En los Análisis Individuales se realiza un seudo Análisis de Correspondencias (AFC) de cada tabla t. Se denominan seudos AFC, ya que *se imponen* los márgenes-fila $\{f_{i..}, i=1,...,n\}$ y los márgenes-columnas $\{f_{.jt}, j=1,...,p_t\}$ de la tabla global.

El AFMIT recentra los puntos-columna correspondientes a cada tabla t, sobre sus propios centros de gravedad dados por $\left\{\frac{f_{i.t}}{f_{..t}}\right\}$, es decir que cada tabla *t* está centrada.

Por lo tanto, el AFMIT es la yuxtaposición de AFC de las tablas separadas, utilizando en cada una de ellas los pesos y la métrica de la tabla global **X**, en lugar de la métrica y pesos derivados de sus propias marginales.

Como se demuestra en el capítulo 2 inciso 2.2.4, un AFC es igual a realizar un ACP no centrado de una matriz de término general $\left\{\frac{f_{ij} - f_{i.}f_{.j}}{f_{i.}f_{.j}}\right\}$, donde las matrices de métrica y pesos son diagonales de término general $f_{i.}$ y $f_{.j}$. Los pesos de las filas son $f_{i.}$ y los de las columnas $f_{.j}$.

En el AFMIT, los seudos AFC son equivalentes a realizar un ACP sobre la tabla que tiene el siguiente término general:

$$x_{ijt} = \frac{f_{ijt} - \left(\frac{f_{i.t}}{f_{..t}}\right) f_{.jt}}{f_{i..}f_{.jt}}$$

pero aquí se relativiza el producto de los marginales de cada tabla a los marginales de la tabla global.

Si los márgenes-fila internos $f_{i.t}$ difieren poco, la diferencia entre un AFC y un seudo AFC es pequeña.

Del análisis de cada tabla se obtiene el mayor valor propio ($\lambda_1^{(t)}$ para t = 1,...,T), que servirá como ponderación para la segunda etapa.

El AFMIT utiliza como ponderación la inversa del primer valor propio de cada grupo, es decir $1/\sqrt{\lambda_1^{(t)}}$ para t = 1,...,T (Figura 4.3)

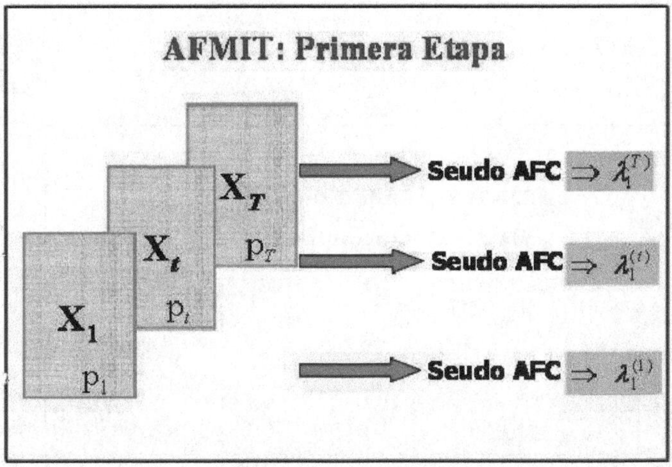

Figura 4.3: primera etapa AFMIT

Las filas tienen un mismo peso en todos los análisis, igual al peso medio calculado sobre el conjunto de las tablas. Por tanto, las variables de un mismo grupo o tabla reciben la misma ponderación, es decir, el AFMIT, considera la naturaleza múltiple de los datos. Esta ponderación logra que la inercia de la primera dirección principal de cada grupo sea igual a 1 y optimiza en relación a 1 la inercia de las otras direcciones, pero no modifica la inercia total de cada grupo, ya que es un simple cambio de escala, es decir que considera la naturaleza múltiple de los datos.

4.2.2.4- Análisis global

El objetivo de esta etapa es poner en evidencia los principales factores de variabilidad de los individuos, en los distintos grupos de variables.

Para ello se realiza un ACP no normado de la matriz yuxtapuesta **X**, que se denomina *matriz compromiso*. (Figura 4.4)

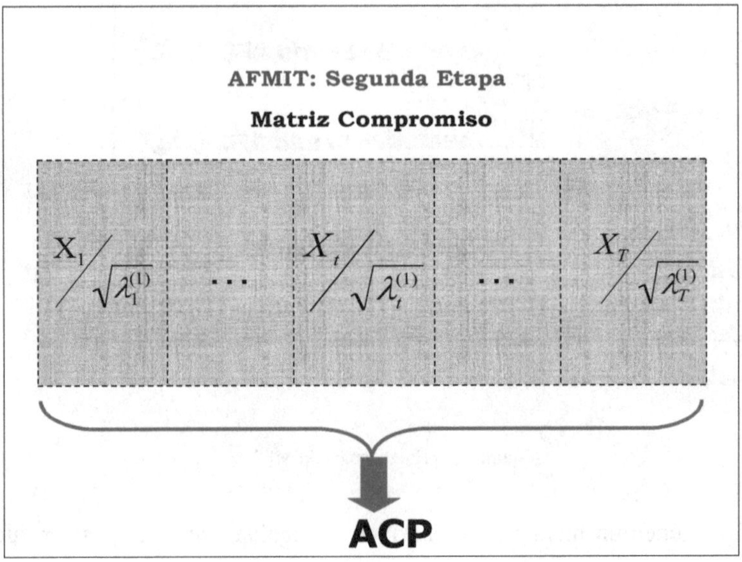

Figura 4.4: Análisis global del AFMIT

En el ACP de la tabla **X** yuxtapuesta o matriz compromiso, se utiliza la métrica:

$$\mathbf{M} = \begin{bmatrix} \mathbf{M}_1 & \cdots & \mathbf{0} \\ \vdots & \ddots & \vdots \\ \mathbf{0} & \cdots & \mathbf{M}_T \end{bmatrix}$$

$$\text{Siendo} \quad \mathbf{M}_t = \begin{pmatrix} m_1^{(t)} & \cdots & 0 \\ \vdots & \ddots & \vdots \\ 0 & \cdots & m_{p_t}^{(t)} \end{pmatrix}$$

donde $\mathbf{M}_t$ de dimensión ($p_t x p_t$) es la matriz diagonal de "pesos de las variables" en la tabla $\mathbf{X}_t$.

$$
\mathbf{N} = \begin{pmatrix} \frac{1}{n} & \cdots & \cdots & \cdots & 0 \\ \vdots & \ddots & & & \vdots \\ \vdots & & \ddots & & \vdots \\ \vdots & & & \ddots & \vdots \\ 0 & \cdots & \cdots & \cdots & \frac{1}{n} \end{pmatrix} = \frac{1}{n}\mathbf{I}_{nxn}
$$

y **N** de dimensión (nxn) es la métrica en el espacio de las variables y matriz de "peso de los individuos".

El ACP de la tabla **X** permite representar la estructura compromiso en un espacio de dimensión menor y obtener la imagen euclídea Compromiso, que es una "imagen media" de la tabla múltiple (es decir, de las tablas originales yuxtapuestas).

La interpretación es la de un ACP, por lo que se tiene una representación del conjunto de:

- *individuos medios*: individuos a lo largo de todos los grupos
- *variables*, como sucede en un ACP, puede ser considerada indirectamente, como una ayuda a la interpretación de la imagen euclídea de la nube de los individuos y como una representación óptima de las correlaciones entre las variables y los factores.

  Las dos representaciones anteriores son equivalentes a las filas y columnas en un ACP, pero en el AFMIT se representan dos nuevos elementos que son: los *individuos parciales* y los *grupos o tablas*.
- *Individuos parciales*: individuos de cada una de las diferentes tablas.
- *Grupos o Tablas* son un conjunto de variables referidas a un tema, un tiempo o una situación determinada.

Individuos medios

Coordenadas factoriales o factores

Las coordenadas factoriales de los individuos medios sobre el eje α están dadas por:

$$\mathbf{A}_\alpha = \mathbf{X}\,\mathbf{u}_\alpha$$

Donde:

$\mathbf{X}$ es la matriz de datos de dimensión (nxp^C)

$\mathbf{u}_\alpha$ es el α-ésimo vector propio de $\mathbf{X}^T\mathbf{X}$

$\mathbf{U}$ de dimensión $(p^C xR)$ matriz de vectores propios de $\mathbf{X}^T\mathbf{X}$. Siendo R el rango de X.

También es posible expresar estas coordenadas teniendo en cuenta las fórmulas de transición (Cap. II, inciso 2.2.1)

$$\mathbf{A}_\alpha = \mathbf{X}\,\mathbf{u}_\alpha = \lambda_\alpha^{1/2}\ \mathbf{v}_\alpha$$

Donde:

$\mathbf{v}_\alpha$ es α-ésimo vector propio de $\mathbf{X}\mathbf{X}^T$

$\mathbf{V}$ de dimensión (nxR) es la matriz de vectores propios de $\mathbf{X}\mathbf{X}^T$

Calidad de representación

La calidad de representación de un punto i está dada por el coseno del ángulo entre el eje α y el vector que une el origen con el punto i.

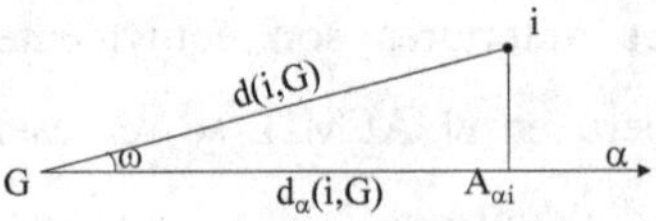

Un punto i está mejor representado en un eje α cuanto más próximo esté a dicho eje.

La calidad de representación de dicho punto esta dada por el coseno cuadrado:

$$Cos_\alpha^2(i) = \frac{d_\alpha^2(i,G)}{d^2(i,G)} = \frac{A_{\alpha i}^2}{d^2(i,G)}$$

muestra la variabilidad de la fila i que es explicado por el factor α.

Se debe notar que $\sum_{\alpha} Cos^2_{\alpha}(i) = 1$

Contribuciones

La suma de cuadrados de las coordenadas para los individuos medios en el eje α, ponderados por su importancia, es igual a λ_{α}. De esta forma, cada una de las coordenadas al cuadrado, ponderadas, puede considerarse como la contribución a la variabilidad total del eje.

La contribución del individuo medio (o fila i) en la determinación del eje α está dada por:

$$Cr_{\alpha}(i) = \frac{m_{i.}\, A^2_{\alpha i}}{\lambda_{\alpha}}$$

donde m_i es la ponderación de cada individuo medio y se obtiene:

m_i = 1/(número de filas)

Variables

Coordenadas factoriales o factores

Las coordenadas factoriales de las variables sobre el eje α está dado por:

$$\mathbf{B}_{\alpha} = \mathbf{X}^T \mathbf{v}_{\alpha}$$

Donde:

$\mathbf{X}^T$ es la traspuesta de la matriz de datos de dimensión (p^Cxn)

$\mathbf{v}_{\alpha}$ es vector propio de $\mathbf{XX}^T$

V de dimensión (nxR) es la matriz de vectores propios de $\mathbf{XX}^T$

También es posible expresar estas coordenadas teniendo en cuenta las fórmulas de transición:

$$\mathbf{B}_{\alpha} = \mathbf{X}^T \mathbf{v}_{\alpha} = \lambda_{\alpha}^{1/2}\ \mathbf{u}_{\alpha}$$

Donde:

$\mathbf{u}_\alpha$ es vector propio de $\mathbf{X}^T\mathbf{X}$

U de dimensión (p^CxR) matriz de vectores propios de $\mathbf{X}^T\mathbf{X}$

Calidad de representación y contribuciones

La representación de *las variables*, como siempre sucede en un ACP, puede ser considerada indirectamente, como una ayuda a la interpretación de la imagen euclídea de la nube de los individuos y como una representación óptima de las correlaciones entre las variables y los factores.

Calidad de representación: $Cos^2_\alpha(j) = \dfrac{B^2_{j\alpha}}{d^2(i,G)} = B^2_{j\alpha}$

Contribuciones: $Cr_\alpha(j) = \dfrac{m_j B^2_{j\alpha}}{\lambda_\alpha}$

Individuos parciales

Se simboliza e_i^t al i-ésimo *individuo parcial* de la tabla t.

El espacio $\boldsymbol{R}^{p^C}$ puede descomponerse en suma directa de subespacios ortogonales dos a dos e isomorfos a los espacios $\mathbf{R}^{p_t}$.

Los individuos parciales pertenecen al espacio $\mathbf{R}^{p_t}$ ($e_i^t \in \mathbf{R}^{p_t}$) pero se quiere representar en el espacio $\mathbf{R}^{p^C}$.

Para ello se considera que cada individuo e_i^t está contenido en una matriz $\mathbf{x}_t^*$ de dimensión (nxp^C) donde la matriz $\mathbf{X}_t$ se completa con ceros hasta alcanzar la dimensión de **X**:

$$\mathbf{x}_t^* = \begin{pmatrix} 0 & \mathbf{x}_t & 0 \end{pmatrix}$$

Luego se realizan proyecciones ortogonales de las T nubes en $\mathbf{R}^{p^c}$.

Es importante aclarar que, si bien el procedimiento de proyección es igual al de los elementos suplementarios, los grupos de individuos parciales no son exactamente elementos suplementarios, ya que sus valores han contribuido a la construcción de los ejes de la Intra-estructura. Los grupos de individuos parciales son grupos activos en el análisis global.

Coordenadas de los individuos parciales

Las coordenadas factoriales para los *individuos parciales* están dadas por:

$$\mathbf{A}^{(t)} = \mathbf{X}^*_t\mathbf{U}$$

Siendo:

U de dimensión (p^Cx R) es la matriz de vectores propios de $\mathbf{X}^T\mathbf{X}$ del análisis global.

La calidad de representación de los individuos parciales se evalúa de la misma forma que en los individuos medios.

En cambio en las contribuciones, si bien son similares, se debe tener en cuenta que cambian las ponderaciones.

$$Cr_\alpha(i^{(t)}) = \frac{m_i^{(t)}.\left(A_{\alpha i}^{(t)}\right)^2}{\lambda_\alpha}$$

$m_i^{(t)}$ es la ponderación de cada individuo parcial y se calcula:

$$m_i^{(t)} = 1/(\text{número de grupos})$$

Indicadores de la calidad de las proyecciones de los individuos parciales

- **Inercia**

Para el cálculo de este indicador se considera una partición en n nubes que contiene T puntos.

El esquema siguiente muestra la nube de individuos definida por la tabla **X** particionada en n nubes (e_1 , ..., e_i , ..., e_n), de T elementos cada una y el individuo medio para cada una de esas particiones.

$$
\begin{array}{cccccccccc}
e_1 = & e_1^{(1)} & \dots & e_1^{(t)} & \cdots & e_1^{(T)} & \rightarrow & e_1^* = \dfrac{\sum_{t=1}^{T} e_1^{(t)}}{T} \\
\vdots & \vdots & & \vdots & & \vdots & & \\
e_i = & e_i^{(1)} & \cdots & e_i^{(t)} & \dots & e_i^{(T)} & \rightarrow & e_i^* = \dfrac{\sum_{t=1}^{T} e_i^{(t)}}{T} \\
\vdots & \vdots & & & & \vdots & & \\
e_n = & e_n^{(1)} & \dots & e_n^{(t)} & \dots & e_n^{(T)} & \rightarrow & e_n^* = \dfrac{\sum_{t=1}^{T} e_n^{(t)}}{T}
\end{array}
$$

- La inercia de cada partición respecto al centro de gravedad de la partición se la denomina *Inercia Intra* o *Inercia Dentro*.

- La inercia entre el centro de gravedad de cada partición y el centro de gravedad general se la denomina *Inercia Inter* o *Inercia Entre*.

El AFMIT calcula la Inercia Intra e Inercia Inter de las proyecciones de los individuos medios y parciales sobre cada uno de los ejes factoriales, y calcula el cociente:

$$\frac{\text{Inercia Inter}}{\text{Inercia Total}} = 1 - \frac{\text{Inercia Intra}}{\text{Inercia Total}}$$

- Si el cociente tiende a **1**, todos los grupos tienen muchas características comunes sobre ese eje, lo que validaría la realización de un estudio detallado de sus diferencias sobre ese eje.
- Si el cociente tiende a **0**, las diferencias de formas entre los grupos no son importantes en ese eje.

Grupos o Tablas

- **Estudio de la Intra-estructura**

En el AFMIT se proyectan las configuraciones representativas de las tablas sobre un sistema de ejes que son los mismos que los obtenidos en la Intraestructura, es decir, a partir del ACP de la matriz **X** (matriz compromiso).

Las variables del grupo t forman una nube de p_t que se denomina $\mathbf{N}_p(t)$.

En cada *grupo t* de variables se puede calcular la matriz de productos escalares entre individuos:

$$\mathbf{C}_t = \mathbf{X}_t\mathbf{M}_t\mathbf{X}^T{}_t$$

donde $\mathbf{M}_t$ (p_txp_t): es la matriz diagonal de "pesos de las variables" en la tabla $\mathbf{X}_t$.

Luego, $\mathbf{C}_t$ es la configuración representativa del grupo t $\mathbf{R}^{n^2}$.

A la matriz $\mathbf{C}_t$ se le asocia un punto en $\mathbf{R}^{n^2}$, como así también al conjunto $\mathbf{N}_p(T)$ le corresponde una nube de *T puntos* en dicho espacio.

En $\mathbf{R}^{n^2}$ es posible lograr una buena calidad de representación sobre sus ejes de inercia como en cualquier ACP. Pero el inconveniente de este análisis es que suministra un *marco de referencia* difícil de interpretar, dado que un eje en $\mathbf{R}^{n^2}$ no se expresa en función de las variables originales.

El AFMIT soluciona este problema buscando un *marco de referencia* ortonormado en $\mathbf{R}^{n^2}$ en el que cada una de sus componentes sea de la forma $\boldsymbol{u_s u_s}^T$ **N** que se ajuste lo mejor posible a la nube de los $\mathbf{C}_t\mathbf{N}$.

Estos elementos $\boldsymbol{u}_s\boldsymbol{u}_s^{T}\mathbf{N}$ están asociados a grupos de una sola variable $\boldsymbol{u}_s$, por lo que se interpretan a partir de la relación de $\boldsymbol{u}_s$, con las variables iniciales.

Al grupo t de variables se asocia: - La nube $N_p(T)$ de $\mathbf{R}^n$

- El vector $\mathbf{C}_t$ de $\mathbf{R}^{n^2}$

Al vector $\boldsymbol{u}$ de $\mathbf{R}^n$ se asocia el vector $\boldsymbol{u}\boldsymbol{u}^T$ de $\mathbf{R}^{n^2}$

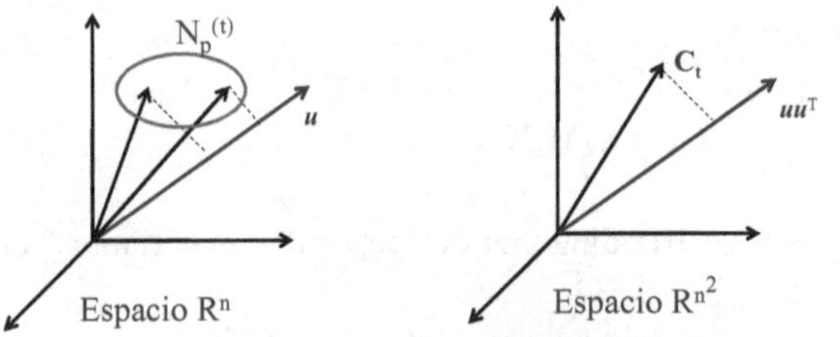

Se utiliza como criterio "maximizar la suma de las proyecciones de $\mathbf{C}_t$ (t=1,...,T) sobre $\boldsymbol{u}_s\boldsymbol{u}_s^{T}\mathbf{N}$".

Se maximiza la suma de las proyecciones de los $\mathbf{C}_t\mathbf{N}$ pues las coordenadas de las mismas sobre los elementos $\boldsymbol{u}_s\boldsymbol{u}_s^{T}\mathbf{N}$ son siempre positivas. Debido a esto no se utilizan sus cuadrados.

Esta suma se calcula de la siguiente manera:

$$\sum_t \left\langle \mathbf{C}_t\mathbf{N}, \mathbf{u}_s\mathbf{u}_s^{T}\mathbf{N} \right\rangle$$

y es igual a la inercia en $\mathbf{R}^n$, de las variables de todos los grupos proyectadas sobre $\boldsymbol{u}_s$.

La inercia proyectada de todas las variables del Grupo t sobre $\boldsymbol{u}$ es igual a la longitud de la proyección de $\mathbf{C}_t$ sobre $\boldsymbol{u}\boldsymbol{u}^{T}$.

- **Medidas de relación entre dos grupos o tablas: RV**

Sean dos matrices de datos con p_t y $p_{t'}$ variables respectivamente, medidas sobre los mismos n individuos:

$$\mathbf{X}_t\,(nxp_t) \quad y \quad \mathbf{X}_{t'}(nxp_{t'})$$

El objetivo es observar si las dos configuraciones proporcionan una imagen similar de los n individuos.

Para ello se elige una medida de la posición relativa de los puntos individuos en dos configuraciones:

$$\mathbf{C}_t = \mathbf{X}_t\mathbf{M}_t\,(\mathbf{X}_t)^T \quad y \quad \mathbf{C}_{t'} = \mathbf{X}_{t'}\mathbf{M}_{t'}\,(\mathbf{X}_{t'})^T$$

estas configuraciones son las matrices de productos escalares entre los n individuos en cada una de las tablas.

Robert y Escoufier (1976) demuestran que la distancia entre dos configuraciones puede escribirse en función del coeficiente RV (definido por Escoufier en 1973 para dos vectores aleatorios), de la siguiente manera:

$$\mathrm{Dist}\{\mathbf{C}_t, \mathbf{C}_{t'}\} = \sqrt{2}\left[1 - RV(\mathbf{X}_t, \mathbf{X}_{t'})\right]^{1/2} \qquad \textbf{(4.2)}$$

siendo RV el producto escalar entre configuraciones normadas o estandarizadas.

$$\mathrm{RV}(t,t') = \left\langle \frac{\mathbf{C}_t\mathbf{N}}{\left\|\mathbf{C}_t\mathbf{N}\right\|}, \frac{\mathbf{C}_{t'}\mathbf{N}}{\left\|\mathbf{C}_{t'}\mathbf{N}\right\|} \right\rangle \qquad \textbf{(4.3)}$$

El campo de variación del RV es:

$$0 \leq \mathrm{RV}(t,t') \leq 1$$

- Si RV(t,t') = 1, implica que la distancia entre las dos configuraciones es nula (**4.2**).
- Si RV(t,t') = 0, implica que cada variable del grupo t tiene covarianza nula con cada variable del grupo t'.

Si se utiliza la métrica identidad para calcular el producto escalar entre individuos, el producto escalar entre las configuraciones es igual a la suma de cuadrados de las covarianzas de las variables de la tabla t con las variables de la tabla t', por lo tanto si $<\mathbf{C}_t, \mathbf{C}_{t'}> = 0 \Rightarrow$ $Cov(\mathbf{X}_t, \mathbf{X}_{t'}) = 0$, y entonces por (**4.3**) el RV(t,t') = 0.

4.3- Aplicación del AFMIT

Se aplica el AFMIT a los datos obtenidos a partir de la encuesta, detallados en el capítulo III (cf. Cáp. III, inciso 3.3). Se plantea ahora evaluar si la diferencia lexical, hallada en el capítulo anterior, se corresponde con los aspectos que caracterizan la noción de función como *herramienta* o como un *objeto matemático,* descriptos en el marco teórico.

4.3.1- Caracterización y análisis del *corpus*

Para realizar este estudio se considera el *Corpus* formado por las respuestas a las dos preguntas de los 58 encuestados, utilizado en el capitulo anterior. La primera parte del tratamiento de las respuestas dadas por los grupos encuestados es análoga a lo desarrollado en dicho capítulo (cf. Cáp. III, p. 96, 100).

Para conformar los grupos que requiere este análisis, primero se concentran las palabras de acuerdo a un criterio, en este caso, se consideran los dos aspectos de las funciones. Es decir, se dividen las palabras en dos grupos disjuntos, como *objeto matemático* o como *herramienta matemática*.

4.3.1.1- Umbrales

Se decide, nuevamente, eliminar las formas gráficas conectoras (de, y, que, etc.) y los artículos (una, un, la, el), seleccionándose para el estudio las formas gráficas que por sí solas poseen significado, como ser sustantivos, verbos, adverbios y adjetivos.

Teniendo en cuenta este criterio de agrupación mencionado en el inciso anterior y para enriquecer el estudio, se decide ampliar el umbral de frecuencia. Este aumento en el umbral de frecuencia permite un aporte más significativo en la conformación de ambos grupos.

Por lo tanto, se considera para este análisis las formas gráficas que poseen una frecuencia mayor e igual a 4 y que tienen una longitud mayor e igual a 6, quedando de esta forma 79 palabras (tabla 4.1).

acerca	dependencia	inversa	propiedades
alumno	dependiente	inyectividad	proporcionalidad
alumnos	diagramas	lectura	pueden
análisis	dominio	lineal	reales
asocia	ejemplos	llegada	relación
asocio	elementos	magnitudes	relacionar
cartesianos	enunciados	máximos	relaciones
central	existe	mediante	representación
centrales	existencia	mínimos	resolución
concepto	fórmulas	mismas	serian
conjuntos	función	noción	situaciones
considero	funciones	nociones	sobreyectividad
continuidad	grafica	numero	tablas
contraejemplo	grafico	ordenados	transmitir

corresponde	gráfico	partida	través
correspondencia	gráficos	partir	trigonométricas
crecimiento	identificación	polinómicas	unicidad
cuando	imagen	primero	variable
definición	independiente	problemas	variables
definir	interpretación	problemáticas	

Tabla 4.1: Formas gráficas distintas resultantes de la aplicación de los umbrales

Se agrupan las palabras "gráfico" y "grafico" pues únicamente varían en el acento ortográfico.

Se decide eliminar del análisis las siguientes formas gráficas: "acerca", "alumno", "alumnos", "asocio", "central", "centrales", "concepto", "ejemplos", "funciones", "función", "nociones", "noción", "considero", "cuando", "enunciados", "identificación", "mediante", "mismas", "número", "primero", "propiedades", "pueden", "reales", "serian", "transmitir", "través", "definir", "análisis", "definición", "relacionar", "representación" y "partir"; ya que no es posible enmarcarlas en alguno de los dos grupos, pues no se pueden relacionar en forma directa con uno de los aspectos y no aportan mayor información pues están involucradas en las preguntas y se las utiliza para constituir la respuesta.

Teniendo en cuenta lo mencionado anteriormente, quedan 46 palabras (tabla 4.2)

asocia	fórmulas	ordenados
cartesianos	grafica	partida

conjuntos	gráfico	polinómicas
continuidad	gráficos	problemas
contraejemplo	imagen	problemáticas
corresponde	independiente	proporcionalidad
correspondencia	interpretación	relación
crecimiento	inversa	relaciones
dependencia	inyectividad	resolución
dependiente	lectura	situaciones
diagramas	lineal	sobreyectividad
dominio	llegada	tablas
elementos	magnitudes	trigonométricas
existe	máximos	unicidad
existencia	mínimos	variable
		variables

Tabla 4.2: Formas gráficas distintas resultantes

Como primera instancia, se intenta dividir estas 46 palabras en dos grupos, identificando con una letra al comienzo de cada palabra a qué clase pertenece. Es decir, si se antepone a la palabra la letra "**O**", indica que corresponde al aspecto *objeto matemático* y la letra "**H**" indica que está vinculada al aspecto *herramienta matemática*.

Mediante el procedimiento CORDA del programa SPAD se analiza en qué contexto aparecen las 46 formas gráficas seleccionadas.

En este proceso aparecen palabras difíciles de categorizar con "**H**" o con "**O**". Sin embargo, es posible observar que las mismas están ligadas al "qué hacer" con el objeto matemático o a su "representación". Es decir, están relacionadas con diferentes estudios que se les puede realizar a las funciones (cf. cap. III, inciso 3.4.2.2), como ser: "sobreyectividad", "inyectividad", "máximos", "mínimos", etc., o a distintas formas en que las funciones pueden ser representadas, como ser: "cartesianos", "diagramas", "tablas", etc.

Se decide entonces concentrarlas en dos grupos, anteponiendo a estas palabras la letra "**C**", que indica *Característica del objeto matemático* y la letra "**R**", que indica *Representación.*

Considerando lo expuesto, los cuatro grupos resultantes se muestran en la tabla 4.3.

Hdependencia	**O**llegada
Hdependiente	**O**ordenados
Hindependiente	**O**partida
Hinterpretación	**O**relaciones
Hlectura	**O**relación
Hmagnitudes	**O**unicidad
Hproblemas	**C**continuidad
Hproblemáticas	**C**crecimiento
Hproporcionalidad	**C**inversa
Hresolución	**C**inyectividad
Hsituaciones	**C**lineal
Hvariable	**C**máximos
Hvariables	**C**mínimos
Oasocia	**C**polinómicas
Oconjuntos	**C**sobreyectividad
Ocontraejemplo	**C**trigonométricas

Ocorresponde	**R**fórmulas
Ocorrespondencia	**R**grafica
Odominio	**R**gráfico
Oelementos	**R**gráficos
Oexiste	**R**cartesianos
Oexistencia	**R**diagramas
Oimagen	**R**tablas

Tabla 4.3: Formas gráficas distintas agrupadas

Con los datos se construyen cuatro tablas de contingencia: Individuo-Objeto, Individuo-Herramienta, Individuo- Característica Objeto e Individuo- Representación (Figura 4.5).

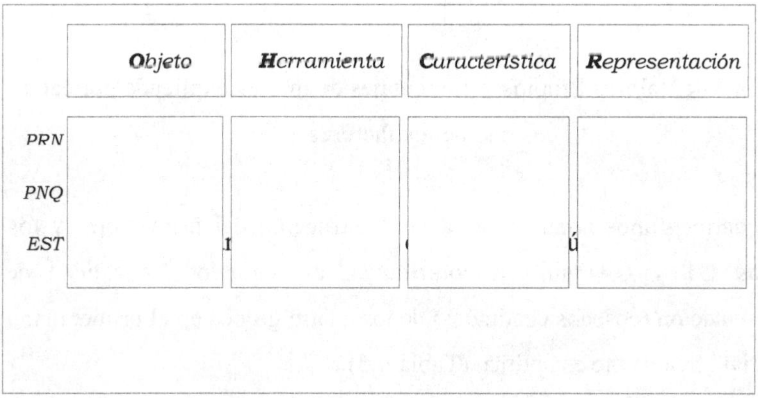

4.3.2- Análisis de la Tabla Yuxtapuesta

4.3.2.1- Análisis individuales

Los primeros valores propios de los análisis individuales son: 13.000 grupo "**H**erramienta" (**G1**), 16.000 grupo "**O**bjeto" (**G2**),

10.000 grupo "Objeto **C**aracterística" (**G3**) y 7.000 grupo "**R**epresentación" (**G4**). La diferencia entre la variabilidad de los grupos justifica la necesidad de equilibrar la influencia (ponderar) de los mismos. Los valores propios sirven como ponderación en el análisis global.

4.3.2.2- Análisis global

La inercia total de la tabla es 5.8766, la misma se descompone en dos factores que son seleccionados para el análisis (Tabla 4.2).

Factores	**Valores propios**	**Porcentaje de inercia**	**Porcentaje de inercia acumulada**
1	3.9515	67.24	67.24
2	1.9251	32.76	100.00

Tabla 4.4: Valores Propios y porcentajes de inercia explicada por cada uno de los factores.

Los cuatro grupos contribuyen a la construcción del primer eje y los grupos **G1** y **G4** también contribuyen al segundo. La calidad de representación (cosenos cuadrados) de los cuatro grupos en el primer plano factorial obviamente es óptima (Tabla 4.5).

	CONTRIBUCIONES		COSENOS CUADRADOS	
GRUPOS	Eje 1	Eje 2	Eje 1	Eje 2
G 1	**25.0**	**31.6**	0.72	0.27
G 2	**24.6**	19.0	0.85	0.12

G 3	**25.3**	13.8	0.93	0.07
G 4	**25.0**	**35.6**	0.67	0.32

Tabla 4.5: Contribuciones de los Grupos a los dos primeros ejes.

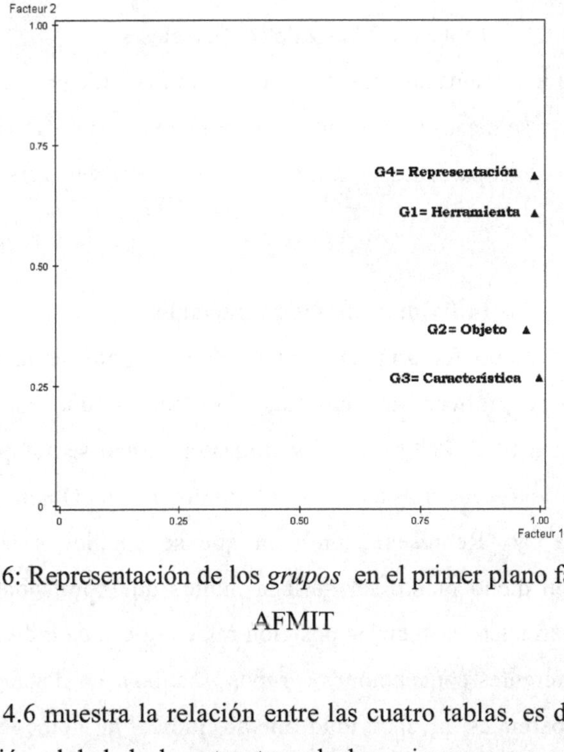

Figura 4.6: Representación de los *grupos* en el primer plano factorial del AFMIT

La figura 4.6 muestra la relación entre las cuatro tablas, es decir, es una comparación global de la estructura de las mismas o un estudio de la inter-estructura.

Se observa que los grupos G1 y G4 están próximos y se separan de los grupos G2 y G3. Esto también se corrobora en la tabla 4.6 donde los valores más altos del RV corresponden a los grupos mencionados. Dichos valores se resaltan en negrita.

	1	2	3	4

1	1.000			
2	0.950	1.000		
3	0.956	**0.977**	1.000	
4	**0.998**	0.941	0.939	1.000

Tabla 4.6: Matriz de coeficientes RV

Se desarrolla a continuación el estudio de las intra-estructuras, es decir, el estudio de las semejanzas o diferencias entre los elementos (individuos medios, individuos parciales y variables) correspondientes a las diferentes tablas o grupos.

Análisis de los Individuos medios y parciales

En el primer plano factorial (Figura 4.7) resultante de la estructura compromiso se grafican los individuos promedios, que en este caso corresponden a EST, PNQ y PRN y muestran cómo se comporta cada uno a través de los distintos aspectos ("Herramienta", "Objeto", "Objeto característica" y "Representación") en que se concibe a la función. Asimismo, en dicho plano, se grafican puntos que corresponden a los individuos parciales, es decir, la posición relativa de cada individuo visto desde las diferentes concepciones (grupos o tablas). La distancia de los individuos parciales al individuo medio indica la homogeneidad o heterogeneidad de cada conjunto encuestado respecto a su pensamiento sobre la función.

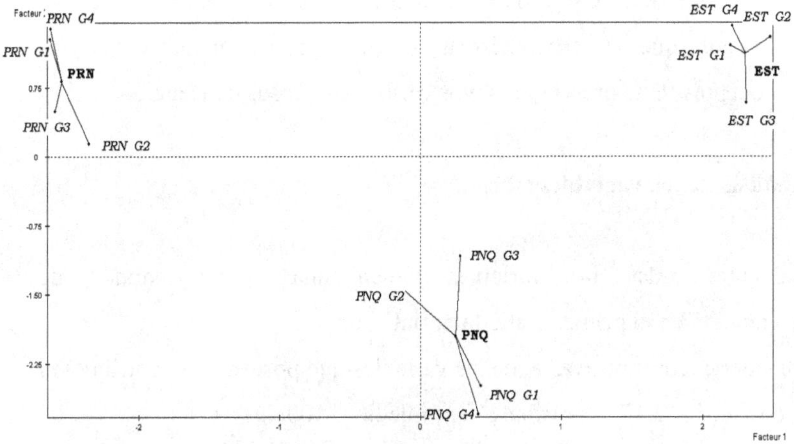

Figura 4.7: Superposición de las representaciones de individuos medios y parciales

El primer eje opone al grupo EST de los docentes PRN, mientras que el segundo diferencia a los docentes PNQ.

De la observación de la superposición de los individuos medios y parciales se desprende que:

- En los tres conjuntos encuestados, la forma de considerar a la función como *Herramienta* (**G1**) y como *Representación* (**G4**) están próximos esto se visualiza también en el estudio de la inter-estructura (Figura 4.6).
- Estudiantes y docentes PNQ poseen un vocabulario similar con respecto a la concepción de la función como un objeto que cumple con determinadas *Características* (**EST G3** y **PNQ G3**).
- Docentes PNQ y PRN poseen un vocabulario similar con respecto a la concepción de la función como un *Objeto Matemático* (**PRN G2** y **PNQ G2**).

- Los docentes PRN y los Estudiantes poseen una idea respecto a la función que es característica de cada grupo, mientras que los docentes PNQ presentan mayor varibilidad en sus concepciones.

Análisis de las variables

Obviamente, todas las variables tienen una óptima calidad de representación en el primer plano factorial.
Se consideran contributivas aquellas variables que poseen una contribución igual o mayor a 2.17 (contribución promedio = 100/46)

	CONTRIBUCIONES		COSENOS CUADRADOS	
	Eje 1	Eje 2	Eje 1	Eje 2
Hdependencia	0.5	5.4	0.16	0.84
Hdependiente	2.5	1.3	0.80	0.20
Hindependiente	3.1	0.1	0.99	0.01
Hinterpretación	2.5	1.2	0.82	0.18
Hlectura	2.6	1.0	0.84	0.16
Hmagnitudes	1.5	3.3	0.48	0.52
Hproblemas	2.4	1.6	0.76	0.24
Hproblemáticas	2.1	2.0	0.68	0.32
Hproporcionalidad	0.3	5.9	0.08	0.92
Hresolución	2.1	2.0	0.68	0.32
Hsituaciones	2.8	0.6	0.91	0.09
Hvariable	2.4	1.5	0.77	0.23
Hvariables	0.3	5.8	0.09	0.91
Oasocia	1.2	1.9	0.56	0.44

Oconjuntos	0.9	2.5	0.42	0.58
Ocontraejemplo	1.8	0.6	0.86	0.14
Ocorresponde	1.3	1.6	0.64	0.36
Ocorrespondencia	0.1	4.2	0.04	0.96
Odominio	2.0	0.2	0.95	0.05
Oelementos	1.8	0.7	0.84	0.16
Oexiste	2.1	0.1	0.97	0.03
Oexistencia	1.9	0.5	0.88	0.12
Oimagen	2.1	0.1	0.99	0.01
Ollegada	1.5	1.3	0.69	0.31
Oordenados	2.1	0.1	0.98	0.02
Opartida	2.1	0.1	0.98	0.02
Orelaciones	0.4	3.5	0.19	0.81
Orelación	2.1	0.1	0.97	0.03
Ounicidad	1.4	1.5	0.66	0.34
Ccontinuidad	2.2	2.0	0.69	0.31
Ccrecimiento	0.3	6.0	0.09	0.91
Cinversa	2.2	2.0	0.69	0.31
Cinyectividad	3.1	0.2	0.97	0.03
Clineal	2.9	0.6	0.90	0.10
Cmáximos	2.7	1.0	0.84	0.16
Cmínimos	2.7	1.0	0.84	0.16
Cpolinómicas	3.0	0.4	0.94	0.06
Csobreyectividad	3.1	0.2	0.97	0.03
Ctrigonométricas	3.1	0.3	0.95	0.05
Rfórmulas	1.0	10.3	0.17	0.83
Rgrafica	4.8	2.5	0.80	0.20
Rgráfico	3.1	6.1	0.51	0.49

Rgráficos	4.4	3.3	0.73	0.27
Rcartesianos	5.2	1.8	0.86	0.14
Rdiagramas	0.4	11.6	0.07	0.93
Rtablas	6.0	0.1	0.99	0.01

Tabla 4.7: Contribuciones y calidad de representación de las variables en los dos primeros ejes del AFMIT

Se resalta con negrita las variables contributivas

Para una mejor interpretación se muestran por separado los cuatro grupos de variables considerados. (figuras 4.8, 4.9, 4.10 y 4.11)

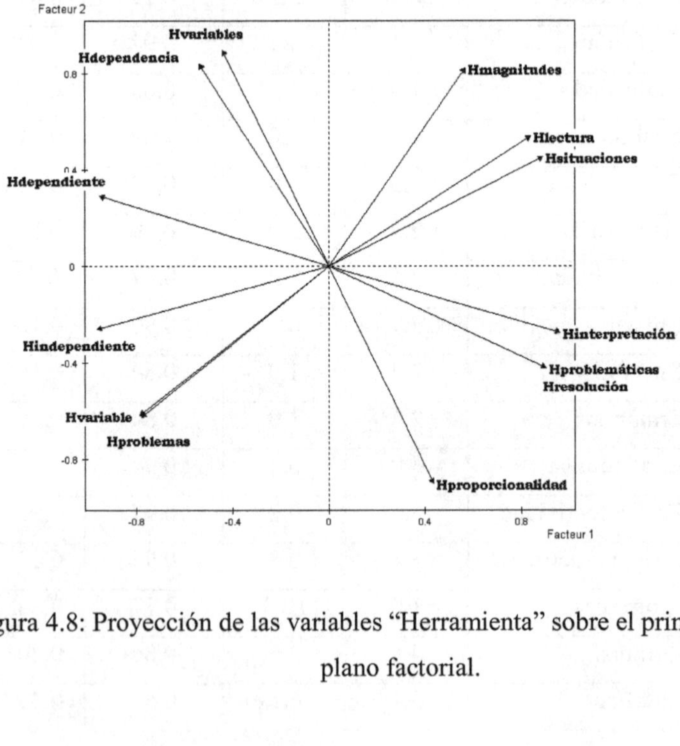

Figura 4.8: Proyección de las variables "Herramienta" sobre el primer plano factorial.

En la figura 4.8 se muestra que cuando se concibe a la función como *Herramienta Matemática*, los PRN, PNQ y EST utilizan un vocabulario específico y además PNQ presenta un léxico compartido con los otros dos.

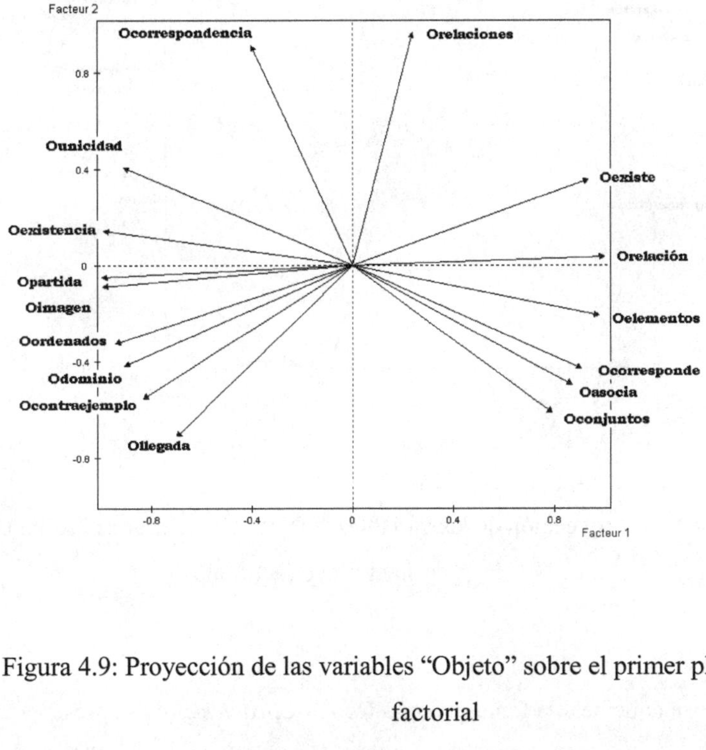

Figura 4.9: Proyección de las variables "Objeto" sobre el primer plano factorial

De la observación de la figura 4.9 se desprende que cuando se concibe a la función como *Objeto Matemático*, los profesores de PRN y estudiantes se expresan con un vocabulario diferente, pero ambos comparten con los PNQ.

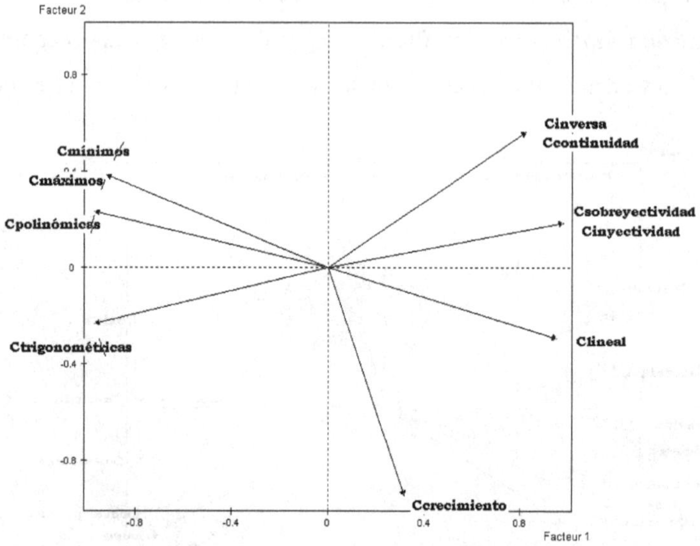

Figura 4.10: Proyección de las variables "Objeto Característica" sobre el primer plano factorial.

Cuando se concibe a la función como *Objeto Característica* se presenta una situación similar a la anterior en cuanto a la oposición entre PRN y EST, pero a diferencia de la situación anterior, los PNQ presentan un vocabulario específico (figura 4.10).

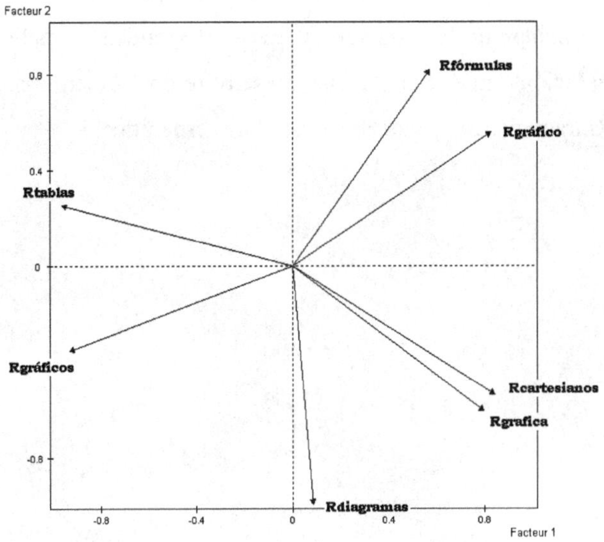

Figura 4.11: Proyección de las variables "Representación" sobre el primer plano factorial.

En relación con la concepción de la función como *Representación* (figura 4.11), la situación es similar a la descripta en *Herramienta Matemática* (figura 4.8).

4.4- Conclusiones

De lo observado, se desprende que se pueden diferenciar dos grupos en cuanto a las ideas o concepciones; que PNQ, PRN y EST tienen con respecto al concepto de función. Por un lado, las ideas de "Herramienta matemática" y "Representación", y por el otro "Objeto matemático" y "Objeto Característica".

En ambos grupos PNQ, PRN y EST presentan un vocabulario característico.

Sin embargo, PNQ utiliza un vocabulario compartido por PRN y EST cuando concibe a la función como "Herramienta matemática" y "Representación"; mientras que cuando se refiere a "Objeto matemático" y "Objeto Característica" posee un vocabulario específico.

Conclusiones

5.1 – Conclusiones

Se reflexiona a continuación sobre algunas conclusiones que siguen del estudio realizado.

En relación al Análisis Estadístico de Datos Textuales o Lexicometría, podemos concluir que:

- La lexicometría trabaja con distintas técnicas estadísticas multivariadas que se complementan y que permiten determinar e interpretar las relaciones de sistemas complejos de datos cualitativos.

- La lexicometría es una herramienta cuantitativa de análisis que permite indagar las ideas subyacentes de los encuestados apartándose de la mirada subjetiva del investigador.

- El análisis lexicométrico se basa en los perfiles lexicales sin perder de vista el contexto en el que se encuentran las palabras, ni la proximidad (en términos de distancia) con el perfil medio de cada categoría de análisis.

- La aplicación de la técnica de integración de tablas de contingencia (AFMIT), cuando en dichas tablas una de las vías está conformada por una variable léxica, permitió corroborar lo supuesto en el análisis realizado en el capitulo III.

En relación a los aportes efectuados mediante la lexicometría al estudio realizado a docentes y futuros docentes de matemática con respecto a la noción de función, podemos concluir:

- La lexicometría permitió ver que el léxico de los grupos encuestados era diferenciado con respecto al concepto de función y podría corresponderse con distintas concepciones de función definidas en el marco teórico.

- El AFMIT permitió interpretar el comportamiento de los distintos grupos encuestados a través de los distintos aspectos que caracterizan la noción de función, desarrollados en el marco teórico.

- La revisión bibliográfica desarrollada en el capítulo I contribuye la elaboración de un documento de fácil lectura que servirá como aporte para futuros investigadores que deseen abordar el tema.

Bibliografía

Aldenderfer, M. S.; Blashfield, R. K. (1984) *Cluster analysis*. Thousand Oaks, CA: Sage Publications, Quantitative Applications in the Social Sciences Series No. 44.

Anderberg, M. R. (1973) *Cluster analysis for applications*. New York: Academic Press.

Baccalá, N.; De La Cruz, M. (1995), *Aportes de la lexicometría al análisis del discurso del docente en la sala de clase,* Centro Regional Universitario Bariloche - Universidad Nacional del Comahue.

Baccalá, N; Montoro, V. (2008) - *Introducción al Análisis Multivariado*. UNComahue: Nº51, pp 138. ISSN-0325-6308/51.

Bécue Bertaut, M. (1991), *Análisis de datos textuales, Métodos estadísticos y Algoritmos*, París, CISIA.

Bécue Bertaut, M.; Lébart, L.; Rajadell, N. (1995), *El análisis estadístico de datos textuales, La lectura según los escolares de enseñanza primaria.* Facultad de Psicología, Universidad de Barcelona.

Bécue, M.; Pagès, J. (1999), *Intra-Set Multiple Factor Análisis. Application to textual data.* In: proa. of the 9th International Symposium on Applied Stochastic models and Data Analysis, J. Jansen *et al.*(Eds.), Lisboa. Universidad de Lisboa. pp.51.60.

Bécue, M.; Pagès, J. (2000), *Analyse Factorielle Múltiple intra-tableux. Application à l' analyse simultanée de plusieurs questions ouvertes*. In JADT 2000, 5ème Journées Internationales d' Analyse statistique de Donnée Textuelles, Rajman M. et Chappelier J.C.(Eds.)EPFL, Lausanne, pp. 425-432.

Bécue, M.; Pagès, J. (2003), *Análisis factorial múltiple para tablas de contingencia: Estudio de mortalidad en las comunidades autónomas de España*. 27 Congreso Nacional de Estadística e Investigación Operativa, Lleida, 8-11 de abril de 2003

Benzécri, J. P. (1973) - *L' analyse des correspondances*, París, Dunod

Benzécri, J. P. (1976) - *L'Analyse des Données. Tomo II: L'Analyse des Correspondances*. Dunod. París. 616 pp.

Brousseau, G. (1993) *Stratégies de l`analyse statistique.* Cours et Aide Mémoire a`l`intention des professeurs en formation. Université Bordeaux 1

Brousseau, G. (1993) *Fiches de statistiques non parametriques pour la didactique.* Université Bordeaux 1

Brousseau, G. (1995), *Didactique des ciencies et formation des professeurs*, Conferencia Ho Chi Mimh Ville.

BROUSSEAU, G. (2004) – *Investigaciones en Educación Matemática*. IREM de Bordeaux.

CHEVALLARD, Y. (1985), *La transposition didactique. Du savoir savant au savoir enseigné*, deuxiéme édition, Grenoble. Ed. La Pensée Sauvage.

CHEVALLARD, Y. (1989), *Le concept de rapport au savoir: rapport personnel, rapport institutionnel, rapport officiel*, Séminaire de Didactique des Mathématiques et de l'Informatique, Grenoble.

CUADRAS, C. M. (1996) *Métodos de Análisis Multivariante*. Eunibar, Barcelona.

DETZEL, P. (2005*), La noción de función dominios de experiencias en diferentes propuestas de enseñanza. Universidad Nacional del Comahue.*

DOUADY, R. (1986*), Jeux de cadres et dialectique outil-objet – in Recherches en didactiques des mathématiques*. Ed "La pensée sauvage" Grenoble- vol 7/2.

ESCOFIER, B. Y PAGES, J. (1984): *Analyse factorielle multiple*. Cahiers du BURO, **2**, ISUP, Paris.

ESCOFIER, B. Y PAGES, J. (1990): *Analyses factorielles simples et multiples: objectifs, méthodes et interprétation.* Dunod.

ESCOUFIER, Y. (1973): *Le traitement des variables vectorielles.* Biometrics, **29**: 750-760.

Everitt, B. S; Rabe-Hsketh, S. (1997) *The analysis of proximity data.* London: Arnold.

Everitt, B. S.; Landau, S.; Leese, M. (2001) *Cluster analysis, 4th Edition*. London: Edward Arnold Publishers Ltd

Fine, J. (1996) *Iniciación a los Análisis de datos Multidimensionales a partir de ejemplos*. Montevideo, Universidad de la República.

Greenacre, M. J. (1984) - *Theory and Applications of Correspondence Analysis*. London.Academic Press.

Greenacre, M. J. (1993) - *Biplots in correspondence analysis*. *Journal of Applied Statistics,* 20(2): 251-269.

Lébart, L.; Morineau, A. (1979) – *Traitment de Données Statistiques*, Paris, Dunod.

Lébart, L.; Morineau, A. (1995) –*Statistiques exploratoire multidimensionnelle*, Paris, Dunod.

Lébart, L.; Salem, A. (1988) - *Analyse statistique des dones textuelles*, Paris, Dunod.

Lébart, L.; Salem, A. (1994) - *Statistique textuelles*, Paris, Dunod.

Montenegro Campo, A. y Pardo, E (1996), *Introducción al Análisis de datos Textuales.* Universidad Nacional de Colombia. Departamento de Matemática y Estadística.

RENE DE COTRET, S. (1985), *Etude historique de la notion de fonction: Analyse epistemologique et experimentation didactique, Memoire de Maitrise en Mathematiques*, Montreal Universite du Québec.

ROBERT,P Y ESCOUFIER, Y (1976), *A unifying tool for linear multivariate statistical methods: The RV- Coefficient.* Applied Statistics, **25** (3): 257-265

SCHOENFELD, A. (1992), *Learning to Think Mathematically: Problem Solving, Metacognition, and Sense Making in Mathematics*, in Handbook for Research on Mathematics Teaching and Learning, (Ed.) Grouws, Macmillan, New York.

SIERPINSKA (1992), *Un understanding the notion of function, en Harel y Dubinsky (Ed), The concept of function. Aspects of Epistemology and Pedagogy*, USA: Mathematical Associations of America, p. 25-58.

SPAD 5.5 (Lebart *et al.*,2001)

STEFFE, L. (1990), *On the knowledge of mathematics teachers*, In Davies, R. Maher,C., Noddings, N. (Eds) Constructivist Views on the Teaching and Learning of Mathematics (pp.167- 184), Monograph N° 4, Journal for Research in Mathematics Education.

FSC
www.fsc.org
MIX
Papier | Fördert
gute Waldnutzung
FSC® C083411

Kolibri 360 GmbH
Ferdinand-Jühlke-Straße 7
99095 Erfurt, Deutschland
produktsicherheit@kolibri360.de

Druck:
CPI Druckdienstleistungen GmbH
im Auftrag der
Kolibri 360 GmbH
Ferdinand-Jühlke-Str. 7
99095 Erfurt